物质科学A

探究式学习丛书
Tanjiushi Xuexi Congshu

核　能
NUCLEAR ENERGY

人民武警出版社

图书在版编目（CIP）数据

核能/胡生青，薛海芬编著．—北京：人民武警出版社，2009.10
（物质科学探究式学习丛书；6/杨广军主编）

ISBN 978－7－80176－375－4

Ⅰ．核…　Ⅱ．①胡…②薛…　Ⅲ．核能－青少年读物

Ⅳ．TL－49

中国版本图书馆 CIP 数据核字（2009）第 192350 号

书名：核能

主编：胡生青　薛海芬

出版发行：人民武警出版社

经销：新华书店

印刷：北京龙跃印务有限公司

开本：720×1000　1/16

字数：145 千字

印张：11.75

印数：3000－6000

版次：2009 年 10 月第 1 版

印次：2014 年 2 月第 3 次印刷

书号：ISBN 978－7－80176－375－4

定价：29.80 元

出　版　说　明

　　与初中科学课程标准中教学视频 VCD/DVD、教学软件、教学挂图、教学投影片、幻灯片等多媒体教学资源配套的物质科学 A、B、生命科学、地球宇宙与空间科学三套 36 个专题《探究式学习丛书》,是根据《中华人民共和国教育行业标准》JY/T0385－0388 标准项目要求编写的第一套有国家确定标准的学生科普读物。每一个专题都有注册标准代码。

　　本丛书的编写宗旨和指导思想是:完全按照课程标准的要求和配合学科教学的实际要求,以提高学生的科学素养,培养学生基础的科学价值观和方法论,完成规定的课业学习要求。所以在编写方针上,贯彻从观察和具体科学现象描述入手,重视具体材料的分析运用,演绎科学发现、发明的过程,注重探究的思维模式、动手和设计能力的综合开发,以达到拓展学生知识面,激发学生科学学习和探索的兴趣,培养学生的现代科学精神和探究未知世界的意识,掌握开拓创新的基本方法技巧和运用模型的目的。

　　本书的编写除了自然科学专家的指导外,主要编创队伍都来自教育科学一线的专家和教师,能保证本书的教学实用性。此外,本书还对所引用的相关网络图文,清晰注明网址路径和出处,也意在加强学生运用网络学习的联系。

　　本书原由学苑音像出版社作为与 VCD/DVD 视频资料、教学软件、教学投影片等多媒体教学的配套资料出版,现根据读者需要,由学苑音像出版社授权本社单行出版。

出 版 者

2009 年 10 月

卷首语

　　人类对物质世界的探索从宏观到微观,在微观领域从原子分子说到原子的组成再到基本粒子,这当中倾注了大量科学家的心血,更是他们智慧的折射! 1 克铀 235 完全发生核裂变后放出的能量相当于燃烧 2.5 吨煤所产生的能量,核能为我们的生活带来了意外的惊喜,同时它也是一把双刃剑,需要我们更多的思考……。

　　本书沿着历史的足迹,结合生活实际,深究物理现象的奥妙,提出一些探究的问题,并作出新的探索。为了便于学生解读,书中采用众多的实验,插入了大量的图画,具有极大的趣味性和很强的吸引力。

目　　录

物质科学A

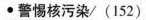

物质科学A

回顾人类过去几千年的历史,虽然出现了中国的四大发明,埃及的金字塔等等科学奇迹,但是纵观人类漫长的生活史,似乎略显平淡。只是从 19 世纪末至今的百余年间,才出现了一场翻天覆地的变化!

而这场变化中的根本发现,就是原子科学。

现在的电脑或核电站,是离不开原子外层的电子及原子内的核子这两种粒子的。一部原子科学发展的历史充分说明了科学技术是第一生产力的真理。

物质大厦的"基石"

众说纷纭原子观

人类在抬头望天的同时,也俯身看地,对万物的组成追问不休:物质是可以无限分割下去,还是存在最终的宇宙之砖?

自2000多年前,人类就开始探索物质结构的奥秘。古代对物质结构奥秘的探索,只能靠想象,靠思考。那时自然科学还没有从哲学中分离出来,原子只是哲学上的猜想,没有条件靠精密的实验加以证实。尽管原子说是一种很深刻的见解,但终究还是没有科学论证的一种猜测。

空间的尺度

当前人类所认识的宇宙，最远的观察极限数量级为（10^{26}~10^{27}）m。

粒子物理学的研究对象，数量级约为10^{-15}m。

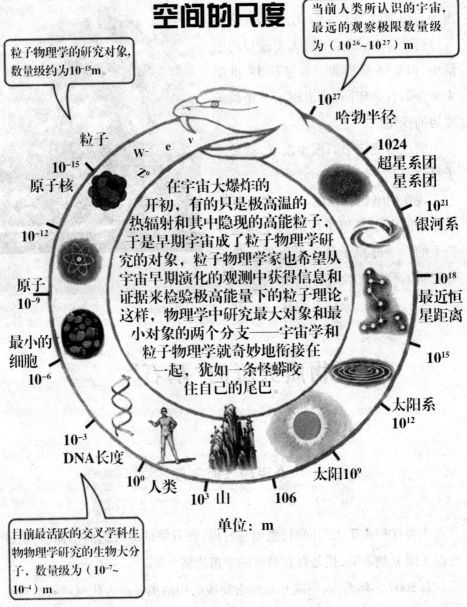

10^{27} 哈勃半径

1024 超星系团 星系团

10^{21} 银河系

10^{18} 最近恒星距离

10^{15}

太阳系 10^{12}

太阳 10^9

106

10^3 山

10^0 人类

10^{-3} DNA长度

10^{-6} 最小的细胞

原子 10^{-9}

10^{-12}

10^{-15} 原子核

粒子

W⁻ e v Z⁰

在宇宙大爆炸的开初，有的只是极高温的热辐射和其中隐现的高能粒子，于是早期宇宙成了粒子物理学研究的对象，粒子物理学家也希望从宇宙早期演化的观测中获得信息和证据来检验极高能量下的粒子理论这样，物理学中研究最大对象和最小对象的两个分支——宇宙学和粒子物理学就奇妙地衔接在一起，犹如一条怪蟒咬住自己的尾巴。

单位：m

目前最活跃的交叉学科生物物理学研究的生物大分子，数量级为（10^{-7}~10^{-4}）m。

原子是不是真的存在呢？原子是不是构成物质大厦的"基本砖石"呢？人类为探索这些问题，走过了极其漫长的道路。一直到了18世纪，尤其是18世纪后半期至19世纪中期，工业兴起，科学迅速发展，人们通过生产实践和大量化学、物理学实验,才加深了对原子的认识。就让我们循着历史的足迹,去认识它吧!

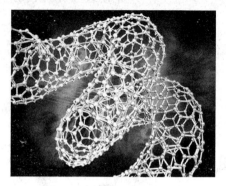

微观世界

中国古代五行说

"端,体之无序最前者也。"——《墨子》

公元前5世纪,中国的墨翟(墨子)曾提出过物质微粒说,他称物质的微粒为"端",意思是不能再被分割的质点。战国时代的庄子,在他的著作《庄子·天下篇》中提出了物质无限可分的思想:"一尺之槌,日取其半,万世不竭。"意思是说,一根短棍今天是一尺,明天取一半,余二分之一尺,后天取一半,余四分之一尺,以此类推,永远没有尽头。

公元前四世纪,希腊人德谟克利特提出了"原子"的概念,也认为这是一种不能再被分割的质点。后来伊壁鸠鲁又把这一概念大大地推进了一步。

罗马人卢克莱修(约公元前99-55年)曾用诗句阐明德谟克利特和伊壁鸠鲁的原子观点:

物体或者说物质要素,都是由原始粒子集合而成;虽有雷霆万钧之力,要破坏物质要素也不可能。……

原始物质,由此可见,是既结实又单纯,由

德谟克利特(约公元前460年—公元前370年)

极小粒子之力牢固抱紧,但又不是粒的堆集,其特征在任何情况下是无穷地单纯。不能从它夺取什么,也不许缩小其本性,原始物质,世世代代,永远长存。……

原始物质,在无边无际的真空,当然不会静止,反而被迫不断地作各种各样的运动。……

物质科学A

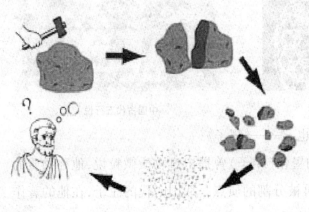

古人的思考与探索

早期的显微镜
由伽利略制成的望远镜和显微镜,分别用来观察天体和微观。

从这里可以看出,古代的原子论者认为:一切物质都由最小粒子的原子组成,原子是不可分割的;原子是客观的、物质性的存在,它是永恒地运动着的。

古人探索微观世界的工具:思维

古代人对物质结构奥秘的探索,只能靠想象,靠思考。那时自然科学还没有从哲学中分离出来,原子只是哲学上的猜想,没有条件靠精密的实验加以证实。德谟克利特的原子说是一种很深刻的见解,也许可以说是他的远见卓识吧!但无法用科学的方法和手段证明。

在中世纪,西方哲学家对原子世界的思维把握演变成了炼金术和炼丹术,由于宗教的禁锢,人们不能去探究世界的本源,于是只好去寻求点石成金和长生不老的秘方。

现在人们对微观观世界的研究是借助工具、一定的理论和思维。

电子显微镜能看清原子 　　　　　　　　　　电子显微镜下的原子世界

物质科学A

物质是否无限可分:芝诺的诡辩论

公元前几百年的时候,古希腊有个叫芝诺的哲学家提出了一个明显与事实不符但又驳斥不倒的谬论。他说,如果让乌龟先爬一段,善跑的阿基里斯就追不上乌龟。

芝诺的解释很奇特,他认为,当阿基里斯到达乌龟的出发点时,乌龟向前移动了一段,阿基里斯再到乌龟的新出发点时,乌龟又向前移动了一段,这样会无止境地延续下去,所以,阿基里斯追不上乌龟。

怎样驳斥这个公然蔑视事实的论题呢? 问题的关键在于物质的距离是否"无限可分",如果距离不是无限可分,芝诺的论题自然就不成立了。于是,古希腊的刘基伯首先提出了物理学上的"不可分"的概念,这就是原子论的起源。

你能做到吗？

给你一定量的蔗糖,不用天平你能取出它的 1/10 吗? 1/100呢? 1/10000呢?

提供材料:1.给定的蔗糖,2.水,3.量杯,4.烧杯,5.玻璃棒,6.胶头滴管,7.酒精灯,8.石棉网,9.铁架台。

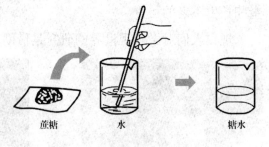

蔗糖   水   糖水

蔗糖溶解

德谟克利特

德谟克利特(约公元前160年~约公元前370年),古希腊唯物主义者,在原子论的发展方面占有重要地位的哲学家。据考证,他的著作几乎涉及人类知识的一切部门,但传于今世的仅有几百个片段。

德谟克利特继承了古希腊原子论创始人刘基伯的观点原子是组成物体的不可分割的最小微粒。他认为万物皆由"不可分割"的原子所组成,原子在本质上都是相同的,只是外形彼此不相同,这就可以解释各种物质的性质。水的原子平滑呈圆形,因此水才能流动而无固定形状。火的原子是多刺的,这就是烧灼使人痛苦的原因。自然界中物质发生变化是由于结合在一起的原子分散开来,又重新以新的形式结合的结果。

根据德谟克利特的见解,原子的运动和变化受自然界一定的而又不可打破的规律的影响,根本不是上帝或鬼神灵机一动的结果。所以,德谟克利特是最早期的彻底机械唯物论者,他认为宇宙的活动就象一台机器的活动一样,是无知觉和有限制的。他甚至还认为天地宇宙的产生是无数原子引起无目的旋转运动的结果。这种运动使原子结成团块而形成宇宙。德谟克利特的观点与现代关于物质结构和宇宙起源的理论甚为相似,但有本质的不同,德谟克利特的结论产生于自我直觉和猜测,而现代理论是建立在定量实验和井然有序的数学推理基础之上的。

问题1　你是如何看待德谟克利特的？

问题2　你认为原子是最后的质点，不可分割吗？

问题3　对物质结构的认识是思想先行还是技术先行呢？

问题4　你的思想中的原子是怎样的呢？是球形还是方块，或者是其它的什么？

近代原子观

德谟克利特的原子学说，在整个封建时代，没有人去证实它。当时，化学为了适应封建主的特殊要求，走进了炼金术和炼丹术的泥坑，致力于寻求点石成金和长生不老的秘方。不仅如此，它还受到了封建的神学思想的束缚。当时，科学由古代社会的图书馆和科学院搬进了中世纪的教堂。于是，对"圣典"条文的研究代替了对自然的研究。从物质结构的争论，转移到另一种争论，去争论什么一个针尖里能住得下几个天使，以及天使吃些什么东西等等。

就在这样的历史条件下，原子学说在长达二十个世纪的时期里竟为人们所遗忘。

一直到18世纪中叶，俄国人罗蒙诺索夫

约翰·道尔顿(John Dalton)

（1711～1765）才把原子观点复活起来。尤其是18世纪后半期至19世纪中期，工业兴起，科学迅速发展，人们通过生产实践和大量化学、物理学实验，才加深了对原子的认识。把原子学说第一次从推测转变为科学概念的，应归功于英国一个教会学校的化学教员，他就是道尔顿（1766～1844）。道尔顿通过化学分析，研究了许多地区的空气组成，得出这样的结论：各地的空气都是由氧、氮、二氧化碳和水蒸气四种主要物质的无数个微小颗粒混合起来的。他利用了希腊哲学上的名词，也称这些小颗粒为"原子"。

1803年，道尔顿提出了他的原子学说，主要内容有三点：1.一切元素都

铁 蜡烛 木炭 硫

化合现象：铁、木炭、蜡烛、硫在空气和氧气中的燃烧现象。

是由不能再分割和不能毁灭的微粒所组成,这种微粒称为原子;2.同一种元素的原子的性质和质量都相同,不同元素的原子的性质和质量不同;3.不同元素的原子以简单数目的比例相结合,形成了化学中的化合现象;化合物的原子称为"复杂原子"。这一学说合理地解释了当时发现的质量守恒定律、定比定律及倍比定律等,开创了化学的新时代。

道尔顿首先研究了法国化学家普鲁斯特于1806年发现的有趣结论:参与化学反应的物质质量都成一定的整数比(定比定律),例如1克氢和8克氧化合成9克水,假如不按这个一定的比例,多余的就要剩下而不参加化合。道尔顿自己又发现:当两种元素所组成的化合物具有两种以上时,在这些化合物中,如果一种元素的量是一定的,那么与它化合的另一种元素的量总是成倍数地变化的(倍比定律)。

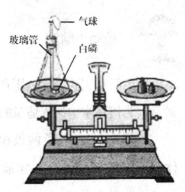

质量守恒定律:白磷燃烧后天平仍平衡。

 你能测出水是由氢、氧组成的吗?
如何知道氢、氧数目比是2:1?

提供材料:

1.电解水器,2.电源(直流电源),3.蒸馏水,4.稀硫酸或稀氢氧化钠溶液,等。

方法参考:

1.如图所示为实验的简易装置。

2.实验现象:通电后,两极上均有气泡产生,一段时间后,与电源负极相连的试管中产生气体的体

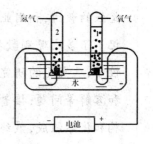

电解水装置

积大约是与电源正极相连的试管中产生气体体积的2倍。

3.气体的检验:用带火星的木条伸入与电源正极相连的试管中,木条复燃,证明该试管中收集的是氧气;将与电源负极相连的试管口接近火焰,试管中气体能燃烧,火焰呈淡蓝色,证明试管中收集的是氢气。

 动动小脑筋

光合作用也能产生氧气。快要熄灭的竹签伸入瓶内,竹签能重新燃烧起来。

1、电解水实验为什么用直流电源而不用交流电源?

2、为何在水中加入适量的稀硫酸或氢氧化钠溶液?

3、理论上与正、负两极相连的试管内汇集的气体体积比应是1：2,但在实验操作中两试管汇集的气体体积比往往小于1：2。这是为什么?

道 尔 顿

道尔顿,1766年出生在英国。是一位靠自学成才的伟大科学家,其最大功绩是创立了科学的原子论。

道尔顿一生科研成果卓著。1794年,他通过对自己的色盲眼研究,第一次指出了人眼视觉色盲现象。他从21岁起,就以满腔热情和坚强的毅力,利用业余时间,天天观察天象,并作日记,50年如一日,记下了多次观测数据。他从气象的研究,扩展到研究大气的成分和性质;从大气的研究又扩展到研究物理学上气体的压力、体积、扩散和溶解等问题;接着又从气体扩散、溶解研究,扩展到研究物质的结构和化学组成,最终引出并确立了他的科学原子论。道尔顿为此获得了崇高的荣誉。

在道尔顿创立科学的原子论之前，法国化学家普罗斯于 1799 年发现了定比定律，英国化学家戴维于 1800 年发现了倍比定律。道尔顿在研究中发现这两个定律与自己的气体研究结果相符合，便据之提出了科学的原子论。他说，物质是由具有一定质量的原子构成的，元素是由同一种类的原子构成的，化合物是由该化合物成分的元素的原子结合而成的，原子是化学作用的最小单位，它在化学变化中不会改变。原子是有质量的，因而鉴别不同元素原子的一个重要方法，就应该是去鉴别它们的相对质量即原子量。如果在所有相应事例中，能知道一种元素有几个原子和另一种元素的一个原子化合，就可以测算出元素的原子量来。道尔顿确立的科学原子论，使当时的一些化学基本定律得到了统一解释，是对当时人们了解的各种化学变化材料进行的一次大综合、大整理。它很快为化学界接受和重视，使大批化学家开始了原子量的测定工作，有力地推动了化学的发展。

物质科学 A

问题 1　道尔顿提出的原子学说主要思想是哪些？

问题 2　如何理解原子是化学变化中的最小微粒？

问题 3　有哪些方法可以知道水的组成元素氢、氧是 2∶1 呢？

问题 4　有哪些方法检验氧气？

问题 5　近代原子观的提出与当时的社会、科学发展有什么关系？

物质科学A

原子分子说

道尔顿的原子学说成功地解释了不少化学现象。随后意大利化学家阿伏伽德罗又于1811年在原子论中引进了"分子"的概念。他认为,构成任何气体的粒子不是原子,而是分子。单质的分子是由同种原子构成的;化合物的分子是由几种不同的原子构成的,是对原子论的发展和补充。在上述例子中,氢的分子是由两个氢原子构成的,氧的分子是由两个氧原子构成的,而水的分子是由两个氢原子和一个氧原子构成的。

阿伏伽德罗(Avogadro A,1776—1856)

这样,经过不同国家的许多人的努力,才逐步地建立了原子分子学说。这个学说认为:(1)物质是由分子组成的,分子是保留原物质性质的微粒。例如,糖溶解在一杯水里,糖分子遍及全杯水,水就有了甜味。(2)分子是由原子组成,原子则是用化学方法不能再分割的最小粒子,它已失去了原物质的性质。例如,我们平时食用的食盐(氯化钠)的分子是由钠原子和氯原子组成的,氯是有毒的,显然食盐的性质与氯和钠的性质截然不同;另一方面,完全无害的元素碳和氮,组成的化合物却可以是剧毒的气体氰(CN)化物。

钠与氯气反应生成氯化钠(食盐的主要成分)。

这个原子分子学说比以前的原子学说又有了很大进展。过去,在原子和宏观物质之间没有任何过渡,要从原子推论各种物质的性质是很困难的。现在,在物质结构中发现了分子、原子这样不同的层次。因而我们可以认为,人们对于物质是怎样构成的问题,认识已经接近物质的本来面貌了。

物质科学 A

海水晒盐

盐 池

食用盐是如何生产的

海水晒盐,是将海水引入海滩上的盐田里,利用日晒和风吹使水分慢慢蒸发,溶液逐渐浓缩,食盐便结晶而析出。在物质的溶解度曲线图上可以看出,食盐的溶解度受温度的影响很小,显然,单用冷却溶液的方法是得

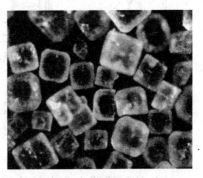
放大的食盐晶体

不到大量食盐晶体的,所以采用蒸发(减少溶剂)的方法来进行结晶。

做一做

根据溶解曲线,KCl 中含有杂质 NaCl,如何分离出 KCl。

器材提供:铁架台、酒精灯、石棉网、100mL 烧杯、表面皿、漏斗、滤纸、玻璃

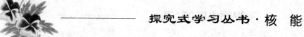

棒、天平、药匙、KCl 晶体与 NaCl 晶体的混合物。

方法参考：1、称取 8.5gKCl 和 1.5gNaCl 晶体放在烧杯中。加入 6mL 水，搅拌后盖上表面皿，加热如图（a）所示，当晶体完全溶解时取下烧杯，稍放冷后把烧杯放在水龙头下，用水冷却，有大量晶体析出。

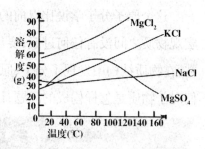

图 NaCl、KCl、MgCl₂、MgSO₄ 的溶解度曲线

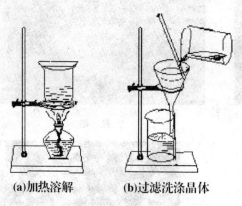

(a)加热溶解   (b)过滤洗涤晶体

提纯氯化钾

氯化钠晶体空间点阵结构

2、把烧杯内液体倾倒入过滤器中，并用玻璃棒把固体全部移入过滤器里，如图（b）所示。用少量水均匀地冲洗留在滤纸上的晶体，再用尽可能少量的水反复洗涤几次。

3、从过滤器中取出晶体，放在两张滤纸间挤压，尽量把晶体表面的液体吸干，烘干、称重、估量提纯的产率。

阿伏伽德罗

Avogadro. A(1776~1856)意大利化学家。1776 年 8 月 9 日生于都灵，1856 年 7 月 9 日卒于都灵。1792 年入都灵大学学习法学，1796

年获法学博士学位。毕业后当律师。1800 年起,开始研究物理学和数学。1806 年任都灵大学讲师,1809 年任韦尔切利大学哲学教授。1820 年任都灵大学数学和物理学教授,不久就被解聘,1834 年他重新被聘任为都灵大学教授,直到 1850 年退休。阿伏伽德罗的重大贡献,是他在 1811 年提出了一种分子假说:"同体积的气体,在相同的温度和压力时,含有相同数目的分子。"现在把这一假说称为阿伏伽德罗定律。这一假说是根据 J. – L. 盖 – 吕萨克在 1809 年发表的气体化合体积定律加以发展而形成的。阿伏伽德罗在 1811 年的著作中写道:"盖 – 吕萨克在他的论文里曾经说,气体化合时,它们的体积成简单的比例。如果所得的产物也是气体的话,其体积也是简单的比例。这说明了在这些体积中所作用的分子数是基本相同的。由此必须承认,气体物质化合时,它们的分子数目是基本相同的。"阿伏伽德罗还反对当时流行的气体分子由单原子构成的观点,认为氮气、氧气、氢气都是由两个原子组成的气体分子。

当时,化学界的权威瑞典化学家 J. J. 贝采利乌斯的电化学学说很盛行,在化学理论中占主导地位。电化学学说认为同种原子是不可能结合在一起的。因此,英、法、德国的科学家都不接受阿伏伽德罗的假说。一直到 1860 年,欧洲 100 多位化学家在德国的卡尔斯鲁厄举行学术讨论会,会上 S. 坎尼扎罗散发了一篇短文《化学哲学教程概要》,才重新提起阿伏伽德罗假说。这篇短文引起了 J. L. 迈尔的注意,他在 1864 年出版了《近代化学理论》一书,许多科学家从这本书里了解并接受了阿伏伽德罗假说。现在,阿伏伽德罗定律已为全世界科学家所公认。阿伏伽德罗数是 1 摩尔物质所含的分子数,其数值是 6.0221367×10^{23},是自然科学的重要的基本常数之一。

分子的游戏规则

分子运动论是描述分子运动的最基本的理论,它的基本内容:

(1)物质是由大量分子组成的

(2)一切物质的分子都在不停地作无规则的运动,这种运动叫做分子热运动。温度越高,热运动越剧烈。

(3)分子之间既存在引力又存在斥力。

 你在中学接触过哪些实验反映分子运动理论的?

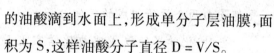

香水分子从瓶中扩散到室内

实验一:用油膜法估测分子的大小

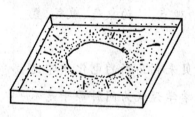

用油膜法估测分子的大小

将体积为 V 的油酸滴到水面上,形成单分子层油膜,面积为 S,这样油酸分子直径 $D = V/S$。

提醒:即使用带针头的注射器滴下一滴油酸,它所占的面积,恐怕比一间房间所占的面积还要大,这就给实验带来了困难。不过可以用稀释的方法来解决,油酸可以溶解在无水酒精中,例如,我们可以配制体积比为 1/1000 的油酸酒精溶液,将易地这种稀释的溶液滴在水中,酒精很快挥发掉了,油酸所占的面积就减小到纯油酸的 1/1000。

实验二:扩散现象

气体的扩散:把一个装有空气的瓶子倒

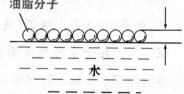

油脂分子

水

水面上单分子油膜示意图

着放在装有密度较大的红棕色二氧化氮气体的瓶子上,使两瓶口相对,两瓶口之间原来用一块玻璃板隔开。二氧化氮虽然密度比空气大,却能运动到上面的瓶子里,同时,上面瓶子里的空气也能运动到下面的瓶子里,结果两瓶气体混合在一起,颜色变得均匀。

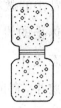

气体的扩散

液体的扩散:在量筒里装一半清水,用长颈漏斗小心地将硫酸铜溶液注入水的下面,由于硫酸铜溶液的密度比水大,会沉在量筒的下部,可以看到无色的清水与蓝色的硫酸铜溶液之间有明显的界面。静放几天后,界面逐渐模糊不清了。

结论:这表明分子在不停地运动着。

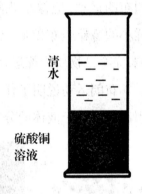

液体的扩散

实验三:分子间引力

分子之间存在着引力,两块铅就结合在一起,甚至下面吊一个重物都不能把它们拉开。

分子引力的结果

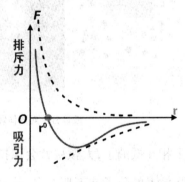

分子间的作用力跟距离的关系

实验四:布朗运动

分子是否确定有呢? 实践终于证明了分子的存在和分子的运动。

1827年英国植物学家布朗首先在显微镜下观察到,水中的小花粉在不停地作不规则的运动。仔细观察,可以发现任何悬浮在液体或气体中的非常小的微粒,都永远处于无休止的没有规则的运动状态之中。这个悬浮的微粒愈小,它的运动就愈激烈;温度愈高,这种运动也愈激烈。后来人们把这种运动叫布朗运动,把像小花粉那

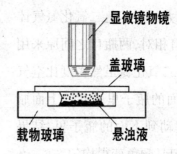

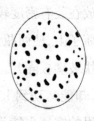

显微镜物镜

盖玻璃

载物玻璃　　悬浊液　　显微镜下看到的微粒

布朗运动

样小的微粒叫布朗微粒。布朗运动是永不休止的,它不受外界因素的影响,完全是物质内部运动的反映。

　　布朗运动说明了什么问题呢?原来,这种运动就是由液体的分子运动引起的。由于液体的分子每时每刻都在作不规则的热运动,这些分子撞击

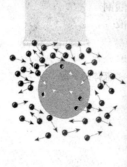

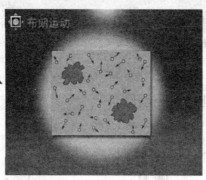

液体分子对固体颗粒的碰撞

布朗微粒,就引起了布朗微粒的运动。如果悬浮物的颗粒太大,则在每一瞬间撞击到这个大颗粒上的分子数目就太多了,致使这些撞击作用基本

上相互抵消了,大颗粒就会保持不动。当悬浮粒小到一定程度时,碰撞到小颗粒上的分子就不那么多,就会从某一个方向出现分子撞击的不平衡,使小颗粒发生运动。布朗颗粒体积愈小,发生撞击的不平衡的可能性愈大,布朗运动就愈急剧。另一方面,温度愈高,分子无规则运动的速度就愈大,分子撞击引起的布朗运动也随之加剧。由于对布朗运动现象的观察和了解,使得人们深入理解了布朗运动的本质。因此证实了分子的存在和分子运动的存在

布朗运动能模拟吗?

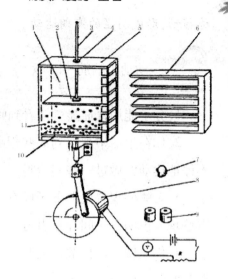

布朗运动演示仪装置结构及技术参数:1、透明方箱(有机玻璃制作)2、活塞3、活塞杆4、橡胶塞5、盖板6、多层插板7、布朗粒子8、直流电动机(转速可调,额定功率10W)9、砝码10、振动板11、钢球(直径1.5mm、数量约300粒)。

说明:

1.该仪器利用钢球代表气体分子,造成气体分子混乱运动模型,来模拟演示布朗运动。

2.演示方法如下:

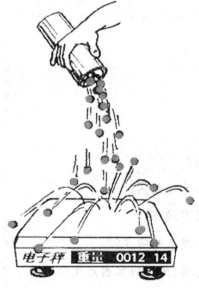

大量小球频繁碰撞电子秤,电子秤示数恒定。

(1)把约300粒钢球放入模拟箱内,使钢球大体铺满箱底一层,再将布朗粒子(发泡塑料块)放入,这时把浮动活塞插入并盖上盖板。在活塞杆上套一带孔的橡胶塞,用它调节并固定浮动活塞在一定高度上(一般可在10-15cm高度)。

(2)接通电源,振子钢球在振板的撞击下(振子也相互碰撞)作混乱运动。调节电压可使振子混乱运动激烈程度变化。这时,可以看到布朗粒子在钢球(分子)碰撞下不断运动。由于布朗粒子形状不规则,实验中可看到布朗粒子边转边移动,形成明显的布朗运动。

 动动小脑筋

1. 分子能用普通显微镜看到吗?

2. 你在生活中观察到哪些现象说明分子在不停地运动? 做过一些实验吗?

3. 有哪些现象说明分子间存在斥力? 又有哪些现象说明分子间存在引力?

4. 你能做一做扩散速度与与温度有关的实验吗?

物质科学A

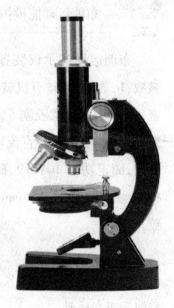

显微镜

问题1 分子运动论的基本内容有哪些?

问题2 哪些现象说明分子在不停地作无规则热运动?

问题3 你能做一做实验来验证分子间有间隙吗?

问题4 为什么作布朗运动的颗粒越小现象越明显?

问题5 气体分子不停地作无规则热运动,为何对容器产生稳定的压力?

原子能看见吗

我们熟悉的自然界的物质有三态:固态、液态和气态。可以这样理解:固体的分子排列得比较整齐和紧密,分子运动的范围相对来说是很小的;液体分子的排列就自由些和松散些,因此分子运动的范围就比较大些;气体的分子,表现得最自由,它们往往或多或少地独立运动,与其它的分子无所牵连。永无休止的分子的剧烈运动足以说明气体的性质。后来计算出在一秒钟内,气体中的一个分子和其它分子的碰撞次数就达50余亿次。气体分子的运动,就总体来说,它全是不规则的运动。

从19世纪中期,开始了气体分子的运动论的研究。这一研究取得了巨大的成功,科学家们根据气体分子运动论确定了原子的质量和直径。各种原子的大小不同,它们只有1亿

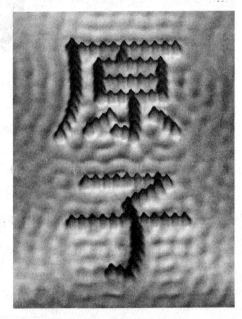

中国科学家用一个个铁原子排列出的世界最小的"原子"二字。

分之一至1亿分之四厘米。50万个原子只能排满头发丝细的距离,500万个原子排成一行,也只不过是在我们这里的一个小句号的范围里。原子的重量只有1千万亿亿分之一克。一杯水的重量与其中的一个原子的重量相比,约等于地球的重量与其上的小块砖头的重量之比,可见原子是何等的微小。

长期以来,人们并没有用肉眼看见过原子。原子,就是在高倍显微镜下,在近代电子显微镜下也很难看见。但是,人们对原子的客观存在不再

怀疑。这是为什么呢？因为,发展科学和检验真理的唯一可靠的标准是实践。人类的大量的生产实践,间接地证实了原子的存在,用原子分子学说可以准确无误地解释和指导我们的生产实践。一直到1970年,才有一位美国科学家报道说,他借助扫描电子显微镜第一次观察到了单个的铀和钍的原子。1978年2月,日本一位科学家宣布,他们用具有超高度分辨能力的电

汪正民

子显微镜拍摄了世界上第一张原子的照片,看到了几种原子的图像。

2001年,中国科学家汪正民用新的实验技术,在国际上首获原子体系(铷原子)不同电子云影相。

元素周期律

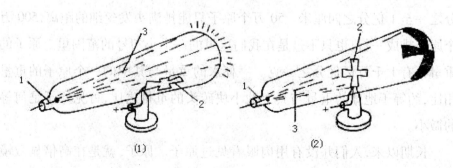

(1)　　　　　　　　(2)

细胞周期

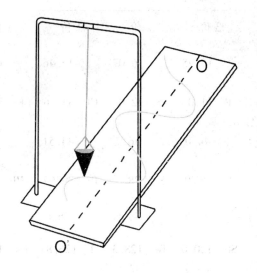

沙摆作周期性摆动

根据道尔顿提出的原子观点,人们对元素有了新的认识,认为每一种元素都是由特定的原子组成的;不管这一种元素的数量多少,它都是由原子组成的。这种元素与另一种元素之所以不同,是因为它们的原子的性质不相同。一种原子与另一种原子的最基本的物理性质的区别,就是原子的重量不同。

1862 年,法国地质学家坎古杜瓦首先提出了元素随着原子量的变化,其化学性质呈现周期性变化的问题。1864 年德国化学家迈耶尔,按原子量递增顺序制定了一个"六元素表"。

	4 价	3 价	2 价	1 价	1 价	2 价
	—	—	—	—	Li 7.03	(Be 9.3)
差值	—	—	—	—	16.02	(14.7)
	C 12.0	N 14.4	O 16.00	F 19.0	Na 23.5	Mg 24.0

物质科学A

	4 价	3 价	2 价	1 价	1 价	2 价
差值	16.5	16.95	16.07	16.46	16.08	16.0
	Si 28.5	P 31.0	S 32.0	Cl 35.46	K 39.13	Ca 40.0
差值	44.55($\frac{89.1}{2}$)	44.0	46.7	44.51	46.3	47.0
	—	As 75.0	Se 78.8	Br 79.97	Rb 85.4	Sr 87.0
差值	44.55($\frac{89.1}{2}$)	45.6	49.5	46.8	47.6	49.0
	Sn 117.6	Sb 120.6	Te 128.3	I 126.8	Cs 133.0	
差值	44.7($\frac{89.4}{2}$)	43.7($\frac{87.4}{2}$)	—			
	Pb 207.0	Bi 208.0			(Tl 204.07)	Ba 137.1

	4 价	4 价	4 价	2 价	1 价
	Mn55.1 / Fe56.0	Ni 58.7	Co 58.7	Zn 65.0	Cu 63.5
差值	49.2 / 48.3	45.6	47.3	46.9	44.4
	Ru 104.3	Rh 104.3	Pd 106.0	Cd 111.9	Ag 107.94
差值	46.0($\frac{92.0}{2}$)	46.4($\frac{92.8}{2}$)	46.5($\frac{93}{2}$)	44.2($\frac{88.3}{2}$)	44.4($\frac{88.8}{2}$)
	Pt 197.1	Ir 197.1	Os 199.0	Hg 200.2	Au 196.7

上图:迈耶尔的《六元素表》(1864 年)

下图:纽兰兹的《八音律图》

这个"六元素表",1865 年,英国化学家纽兰兹按原子量递增顺序,将已知元素作了排列。

No.		No.		No.		No.		No.		No.		No.		No.	
H	1	F	8	Cl	15	Co&Ni	22	Br	29	Pd	36	I	42	Pt&Ir	50
Li	2	Na	9	K	16	Cu	23	Rb	30	Ag	37	Cs	44	Os	51
G	3	Mg	10	Ca	17	Zn	24	Sr	31	Cd	38	Ba&V	45	Hg	52
Bo	4	Al	11	Cr	19	Y	25	Ce&La	33	U	40	Ta	46	Tl	53
C	5	Si	12	Ti	18	In	26	Zr	32	Sn	39	W	47	Pb	54
N	6	P	13	Mn	20	As	27	Di&Mn	34	Sb	41	Nb	48	Bi	55
O	7	S	14	Fe	21	Se	28	Ro&Ru	35	Te	43	Au	49	Th	56

纽兰兹发现,到了第八个元素就与第一个元素性质相似,亦即元素的排列每逢八就出现周期性。纽兰兹从小受母亲的影响,爱好音乐,觉得这好像音乐上的八个音阶一样重复出现,于是自己把它称为"八音律",画出了"八音律"表。1866年3月当他在伦敦化学学会发表这一观点时,得到的却是嘲笑和讽刺;他的有关论文也被退稿。七年以后,他的论文又被拒绝发表。虽然纽兰兹的"八音律"表存在着缺点和不成熟的地方,但他发现了元素的性质在排列上有周期性这一研讨方向是完全正确的,而且在这个正确的方向上向前迈进了一大步。一直到18年以后,即在门捷列夫的元素周期表的重要性得到普遍承认以后,纽兰兹的论文才得以发表,英国皇家学会才给他颁赠了勋章。

门捷列夫(1834~1907)

俄国化学家门捷列夫生活在化学界探索元素规律的卓绝时期。当时,各国化学家都在探索已知的几十种元素的内在联系规律。显然,纽兰兹已经下意识地摸到了"真理女神"的裙角,差点就揭示元素周期律了。不过,条件限制了他作进一步的探索,因为当时原子量的测定值有错误,而且他也没有考虑到还有尚未发现的元素,只是机械地按当时的原子量大小将元素排列起来,所以他没能揭示出元素之间的内在规律。

物质科学A

门捷列夫的第一张元素周期表（1869年）		
	Ti=50	Zr=90	?=180
	V=51	Nb=94	Ta=182
	Cr=52	Mo=96	W=186
	Mn=55	Rh=104.4	Pt=197
H=1	Fe=56	Ra=104.4	Ir=198
	Ni=Co=59	Pl=106.6	Os=199
Be=9.4	Mg=24	Cu=63.4	Ag=108	Hg=200
B=11	Al=27.4	Zn=65.2	Cd=112	
C=12	Si=28	?=68	Cr=116	Au=197?
N=14	P=31	?=70	Sn=118	
O=16	S=32	As=75	Sb=122	Bi=210?
F=19	Cl=35.5	Se=79.4	Te=128	
Na=23	K=39	Br=80	I=127	
	Ca=40	Rb=85.4	Cs=138	Tl=204
Li=7	?=45	Sr=87.6	Ba=137	Pb=207
	?Er=56	Rb=85.4		
	?Yt=60	Sr=87.6		
	?In=75.6	Ce=92		
		La=94		
		Di=95		
		Th=118?		

门捷列夫以惊人的洞察力投入了艰苦的探索。直到1869年,他将当时已知元素的主要性质和原子量,写在一张张小卡片上,进行反复排列比较,才最后发现了元素周期规律,并依此制定了元素周期表。门捷列夫的元素周期律宣称:把元素按原子量的大小排列起来,在物质上会出现明显的周期性;原子量的大小决定元素的性质;可根据元素周期律修正已知元素的原子量。

门捷列夫元素周期表被后来一个个发现新元素的实验证实,反过来,

化学元素周期表戒指

元素周期表又指导化学家们有计划、有目的地寻找新的化学元素。至此，人们对元素的认识跨过漫长的探索历程，终于进入了自由王国。门捷列夫，这位化学巨人的元素周期表奠定了现代化学和物理学的理论基础。

问题1　你身边有哪些现象具有周期性？

问题2　地球绕太阳运动的周期为何正好是一年？

问题3　元素周期律的揭示对新元素发现有巨大的贡献，查阅相关资料作一了解。

问题4　你能背出元素周期表吗？

元素周期表

（元素周期表图）

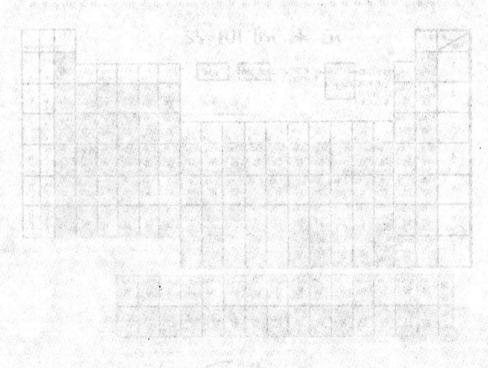

原子的多彩世界

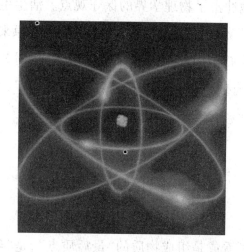

"科学大厦"真的建好了吗

到了19世纪末期,物理学已能令人满意地勾画出自然现象及其相互关系的图像,并且似乎达到了相当完善的程度。看来,一切都好像很适合一般的力学概念,甚至包括电、磁、光等现象。许多人认为牛顿的物理学是无所不包、无所不能的,它能"概括"宇宙中最大的物体运动和最小的原子运动。

许多物理学家们觉得,他们已经完成了他们应该做的全部工作。当时有一位著名的科学家在1893年发表演说,认为物理学的所有伟大发现可能都已完备。他把科学的发展状况及历史,精心地编制成纲目。他说:以后的物理学家们除了重复及改良过去的实验,使原子量或一些自然常数增加些小数点位数以外,将再也不会有什么事可做了。这种言论在当时来说,是有一定代表性的。在一些人看来,"科学的大厦已经建成",人类对自然界的认识已经到了顶点,经典物理学已经发展到"终极理论",科学似乎已完成了历史使命。

可是,就在两三年以后,即在19世纪的最后几年里,一些轰动世界的革命性发现无情地冲击了物理学界的保守观点。活生生的客观事实使一些科学的"顶峰论"者目瞪口呆。这些事实也使一些原来已经认为熟悉了这个物质世界的人们,立即又感到并不完全熟悉了,对某些领域又感到陌生了;对于从前蛮有信心地描绘的那个"简单"、"纯朴"、"有秩序"的世界,立刻又产生了怀疑。

不可分的尽头

道尔顿把原子看成是组成物质的"最后质点",是"绝对不可再分"的微粒的观点,又受到19世纪末一系列重大科学发现的有力冲击。1895年,伦琴发现X射线;1896年,贝克勒耳意外发现放射现象;电子的发现打开了原子内部的大门,放射性的发现则进一步揭示了原子核的奥秘。随着科学研究的不断深入,现代原子概念逐步得到了发展和完善。

1897年,汤姆逊证明阴极射线是带负电的粒子,质量比氢原子小很多,这一粒子就是我们现在所熟知的"电子"。汤姆逊通过实验进一步发现这种粒子是所有原子的组成部分。这样,化学家的原子被汤姆逊一举击碎了,以前人们认为化学原子没有结构,不可分割。而

具有银白色金属光泽的钠

电子的发现意味着化学家的原子并非简单的、不可分的实体。

　　道尔顿物质结构的绘景至此又一次发生了改变,道尔顿不可分的原子被分为:电子与原子核;而原子核又由质子和中子组合而成。各种元素的原子,不过是由质子、中子、电子这三种基本砖石造成的预制件而已。

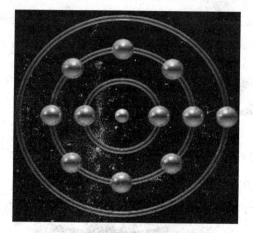

钠的原子结构　　　　　　　　　　　原子模型

　　那就让我们进入多彩的原子世界吧!

伦琴抓住了绿光

　　1895 年 11 月 8 日傍晚,德国物理学家伦琴正在维尔茨堡大学的一个实验室,做一项关于阴极射线的实验。(阴极射线实验是在抽空的电子管中,由阴极发出的电子在电场加速下所形成的电子流),确认电子的存在,是两年以后的事情,下面将会专门叙述。

　　伦琴用黑纸将阴极射线管完全掩遮好,使

伦琴 (1845~1923)

物质科学A

31

伦琴的实验室

之与外界相隔绝,然后把窗帘放下,打开高压电源,以便检查有没有光线从管中漏出。突然,他发现有一道绿光从附近的一个板凳射出,掠过他的眼前。他把高压电源关掉,光线也随着消失。奇怪! 板凳怎么会发射出光来呢?"留心意外的事情"

是科学研究工作者的座右铭。伦琴马上点了灯,照了照板凳,发现那里摆着的原来是自己做其他试验时用的一块硬纸板,硬纸板上涂了一层荧光材料(氰亚铂酸钡的晶体)。

伦琴感到十分惊讶。从阴极射线管中散出的阴极射线有效射程仅有一英寸(1英寸=2.54厘米),显然是不会跑出这么远的。那么是什么使荧光材料闪出光亮的呢?伦琴很快意识到有某种崭新的未知光线发生了。这种未知光线从阴极射线管发出,穿过了黑纸包层,射到了硬纸板上,激发了涂料的晶体发出荧光。

对大自然最细致的超出常轨的举动,要加以注意,对那些意外事件进行研究,这是科研工作能取得成果的秘诀

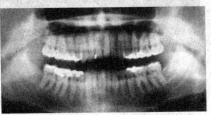

1896年1月5日 X 射线公诸于世

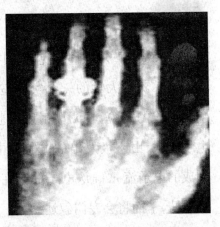

伦琴妻子之手——世界第一张 X 光照片

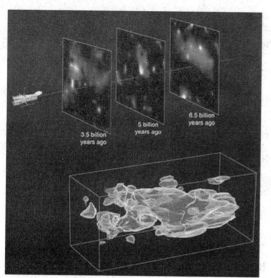

欧美科学家利用空间硬 X 射线调制望远镜首次绘制出宇宙暗物质三维图。中国计划 2010 年硬 X 射线调制望远镜上天。

之一。在这里,最需要的是始终不懈的敏感性。因为"机遇只垂青那些懂得怎样追求它的人"。伦琴为此惊喜万分,再次打开开关,随手拿一本书挡在阴极射线管与硬纸板之间,发现硬纸板依然有光。

伦琴激动得难以控制自己,一连几天几夜关在实验室里继续实验。他先后在阴极射线管与硬纸板之间放了木头、乌木、硬橡胶、氟石以及许多种金属,结果发现这种未知的光线仍然能够照直穿透这些物体。只有铝和铂挡住了这种光线。

伦琴的妻子对于伦琴总是迟迟不回家很生气。于是伦琴把她带到实验室里,把用一张黑纸包好的照相底片放在她的手掌下,然后用阴极射线管一照,拍下了历史上最著名的一张照片。冲洗出来的底片清楚地呈现出伦琴夫人的手骨结构,手上那枚金戒指的轮廓也清晰地印在上面。

伦琴当时无法说明这种未知的射线,就用代数上常用来求未知数的"X"来表示,把它定名为 X 射线。实际上后来才知道,X 射线是由阴极射线打在阳极靶上而获得的。伦琴经过了一连七个星期废寝忘食的紧张工作,终于在 12 月 28 日完成

"人类最伟大的发明"金银纪念币

了举世轰动的科学报告。不久,世界上各大报纸都报道了这一重要新闻。这时,有一些物理学家们才开始懊悔自己没有追究实验室内照相底片"走光"的问题。也有的物理学家责备自己把照相底片感光,错误地归于阴极射线的作用结果。还有一位物理学家声称,他发现X光是在伦琴之前,只是由于不愿中断正常的研究工作,而未发表。的确,这个发现完全有条件在20年前的任何实验室完成。可是,如果伦琴对这一"科学的闪光"漫不经心,轻意放过这一重要线索,或是不深入思索,轻率地把它归于任何一种别的原因,那么X光还是发现不了。

X射线的发现,又很快地导致了一项新发现——放射性的发现. 所以可以说X射线的发现揭开了20世纪物理学革命的序幕。

动动小脑筋

你能搜集与X射线相关的资料并回答问题吗?

1.你有办法产生X射线吗?

2.X射线的本质是什么?

3.X射线的用途有哪些?

4.医院用于检查身体的X光、B超、CT,它们有什么区别?

5.如何看待X射线的利与弊?

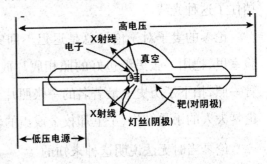

X射线管的工作原理

什么是医学上X射线成像技术?

X射线成像术,是用X射线照射人体部位,并形成影像的技术。因为X射线能透射人体组织,且不同性质、不同密度的人体组织对X射线的吸收效果不同,病人位于X射线源和对X射线能量敏感的胶片之间。X射线的强度受射线穿过病人时的吸收量调制,最终能量落在胶片上并使其感光,这与可见光使照相胶片感光是一样的。因此X射线成像能够在无创条件下"看到"人体内部组织和外来物的位置分布,从而为医学上的诊断和治疗提供有力的依据。

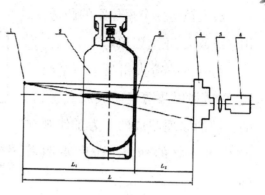

1－X射线管焦点;2－气瓶;3－被检测焊缝;4－图像增强器;5－光学镜头;6－摄像机。
气瓶对接焊缝X射线实时成像检测。

 在中学学过可见光通过透镜成像是如何的呢?

照相机镜头是凸透镜,它是利用:物体在透镜两倍焦距之外成缩小倒立的实像的原理制作的。

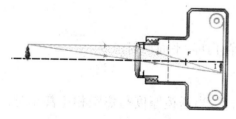

照机相成像的原理

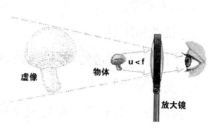

放大镜成像原理

放大镜是一个短焦距的凸透镜，用来成放大、正立虚像。

幻灯机的镜头相当于一个凸透镜，它是利用凸透镜能成放大、倒立的实像的原理制成的。为了使观众能看到正立的像，幻灯片要倒着插入。

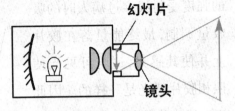

幻灯机就是利用凸透镜当物体到透镜的距离大于一倍焦距小于二倍焦距时成倒立、放大的实像这个原理制成的。

 问题:研究透镜成像规律时,必须要知道透镜的焦距,给你一个透镜,你有哪些方法可测出它的焦距呢?

方法参考:

[仪器和用具]

光具座,会聚透镜,发散透镜,物屏,白屏,平面反射镜等。

[实验原理]

透镜分为会聚透镜和发散透镜两类,当透镜厚度与焦距相比甚小时,这种透镜称为薄透镜。所如图 a 所示,设薄透镜的像方焦距为 f′,物距为 P,

对应的像距为 P′,在近轴光线的条件下。

透镜成像的高斯公式为:$\dfrac{1}{p'} - \dfrac{1}{p} = \dfrac{1}{f'}$ （1）

故 $f' = \dfrac{pp'}{p - p'}$ （2）

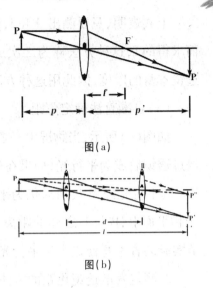

图（a）

应用上式时必须注意各物理量所适用的符号法则。规定:距离自参考点（薄透镜光心）量起. 与光线行进方向一致时为正,反之为负,运算时已知量须添加符号,未知量则根据求得结果中的符号判断其物理意义。

图（b）

1. 测量会聚透镜焦距的方法

（1）测量物距与像距求焦距

用实物作为光源,其发出的光线经会聚透镜后,在一定条件下成实像,可用白屏接取实像加以观察,通过测定物距和像距,利用(2)式即可算出 f′。

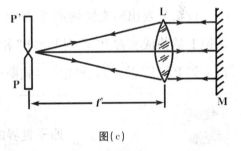

图（c）

（2）由透镜两次成像求焦距

当物体与白屏的距离 L > 4f 时,保持其相对位置不变,则会聚透镜置于物体与白屏之间,可以找到两个位置,在白屏上都能看到清晰的像.

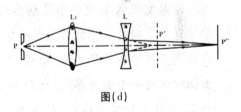

图（d）

如图(b)所示,透镜两位置之间的距离的绝对值为 d,运用物像的共扼对称性质,容易证明:

$$f' = \dfrac{l^2 - d^2}{4l} \quad （3）$$

物质科学A

上式表明,只要测出 d 和 l,就可以算出 f′。由于是通过透镜两次成像而求得的 f′,这种方法称为二次成像法或贝塞尔法。这种方法中不须考虑透镜本身的厚度,因此用这种方法测出的焦距一般较为准确。

(3)自准直法确定焦距

如图(c)所示,当物屏 P 放在透镜 L 的物方焦面上时。由 p 发出的光经过透镜后成为平行光,如果在透镜后放一与透镜光轴垂直的平面反射镜 M。则平行光经 M 反射后仍为平行光,沿原来的路线反方向进行,并成像 p 于物平面上,P 与 L 之间的距离就是透镜的像方焦距,这个方法是利用调节实验装置本身使之产生平行光以达到调焦的,所以又称为自准。

2.测定发散透镜焦距的方法(虚物成像求焦距)

设物 P 发出的光经辅助透镜 L1 后成实像 P′,当加上待测焦距的发散透镜 L 后使成实像 P″。则 P 和 P″ 相对于 L 来说是虚物体和实像,分别测出 L 到 P 和 P″ 的距离,根据(2)式即可算出 L 的像方焦距 f′,如图(d)所示。

原子世界的一道曙光

伦琴发现 X 射线并不是偶然的。因为早在 1878 年 8 月英国物理学家克鲁克斯的工作就曾轰动一时。那时克鲁克斯就根据自己的研究在英国皇家学会作了讲演,他说:"这些真空管中出现的物理现象揭示出物理学的一个新世界"。但他不正确地把阴极射线归于物质的第四态了,他认为阴极射线是"超气态"。德国的勒纳受克鲁克斯的影响,进行了研究,并于 1893 年公布了关于阴极射线的研究报告。

伦琴在他们研究的基础上,进而通过试验发现,这种 X 射线不是像阴极射线那样随磁场偏转,它似乎发生在真空管中阴极射线照射的地方。因为他发现,当阴极射线随着磁铁偏转时,X 射线的发源点也跟着移动。例如让阴极射线照射铂,产生的 X 射线远远比在铝、玻璃和其他物质中产生的 X 射线强。此外，尽管伦琴利用了区分普通光的棱镜，并没有观察到 X 光的折射，利用透镜也没有观察到反射的聚焦。显然，X 光与普通光是不同的。

1901 年，当瑞典科学院颁发第一次诺贝尔奖金时，物理学奖的选择对象自然在伦琴身上。伦琴成名以后，反对用自己的姓氏来命名 X 射线。同时他还谢绝了巴伐利亚王子所授予的他的贵族爵位，并因此受到贵族的冷遇。他把他获得的全部诺贝尔奖金都捐献给了自己的工作单位维尔兹堡大学物理实验室作为研究费用。他说："我认为发明和发现都应属于整个人类"。伦琴的无私精神受到了世界各国人民的高度赞扬。

X 射线在后来一直到今天，得到了广泛的应用，工业上用于金属探伤，医院里用它来透视人体的心肺、脏腑和骨骼，已经成了重要的医疗设备。

对于 X 射线的研究，不久又促成了天然放射性的发现。因此，可以说 X 射线是原子世界透出的一道曙光，为人们深入观察原子及其运动带来了光明。

物质科学 A

问题1　哪些现象揭示原子是可分的？

问题2　你对原子的"内幕"了解多少？

问题3　有人说伦琴发现 X 射线具有偶然性，你认为呢？

问题4　给你器材你能制造出 X 射线吗？

问题5　X 射线成像与普通光学成像有何异同？

汤姆生与阴极射线

汤姆生与其他青年物理学家一起,研究为什么气体在 X 射线照射下会变成电的导体。据汤姆生的推测:这种导电性,可能是由于在 X 射线的作用下,产生了某种带正电的和带负电的微粒所引起的。他甚至认为:这些带电的微粒可能就是想象中原子的一部分。这种想法,在当时不能接受,世界上哪有比原子更小的东西呢?

汤姆生 J.J Thomson 1856～1940

为了搞清楚在通电玻璃管内从阴极发出的射线可能就是由那些连续发射的粒子所组成的。汤姆生想称量出这些粒子的重量。可是怎么去称量那么小的粒子呢?

汤姆生利用电场和磁场来测量这种带电粒子流的偏转程度,以推

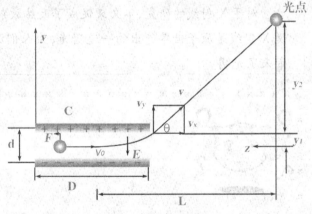

电子在偏转电极中的运动

测粒子的重量。他说,粒子愈重,愈不易被偏折;磁场愈强,粒子被偏折愈厉害。测量这些粒子被偏折的程度和磁场强度,就能间接地测出它们的质量,亦即能得出粒子所带电荷与其质量之比。这仿佛是要测定子弹的重量(铁子弹),我们可以在一个大磁铁附近发射子弹,子弹受磁场的作用会偏离靶心,然后根据子弹偏离靶心多远和磁场强度大小推知子弹重量多大。

1897 年,汤姆生根据实验指出,阴极射线是由速度很高(每秒 10 万公里)的带负电的粒子组成的。起初称为"粒子",后来借用了以前人们对电荷最小单位的命名,称之为"电子"。实验结果表明,阴极射线粒子的电荷与质量之比与阴极所用的物质无关。也就是说,用任何物质做阴极射线管的阴极,都可以发出同样的粒子流,这表示任何元素的原子中都含有电子。

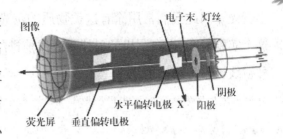

阴极射线管结构示意图

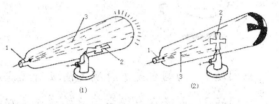

图 1 - 1　阴极射线直线行进
1.阴极　2.阳极　3.阴极射线的路径

1879 年,英国的克鲁克斯(Crookes,W.)发现,通过降低气体的压力,就可以改变气体的导电能力。他设计了一种装有两片电极的金属片的玻璃管装置,类似如图 1 - 1 所示的装置。两个电极连接着高压直流电,阳极是由处于水平位置或垂直位置能够移动的金属十字架构成。当把管内大部分气体除去后(气压降为 0.1 ~ 0.01Pa),通过电流时,如果阳极处于水平位置时[图 1 - 1 的(1)],阴极对面的玻璃壁上会出现绿色的光。这就是所谓的荧光现象。但是当金属十字架处于垂直位置时[图 1 - 1 的(2)],阴极对面的玻璃壁上就会出现十字架的阴影。通过对实验现象进行分析,他认为这是通电后阴极产生一种射线的结果。当阳极十字架处于水平时,阴极产生的射线直线运行,都打到对面的玻璃壁上,产生了荧光,而当阳极十字架处于垂直时,阴极产生的射线在行进途中一部分被阳极的十字架挡住,这样就会在对面的玻璃壁上产生十字架阴影。

阴极射线不仅会在打到玻璃上产生荧光,也可使 ZnS、CdS 一类物质产生荧光。因此我们常用涂有这类物质的荧光屏来显示射线的存在。上面的这个实验表明,来自阴极的射线是直线前进的,但是却不能穿透金属薄片,这种射线被称为阴极射线。

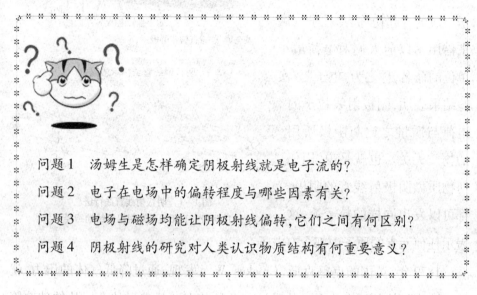

问题1　汤姆生是怎样确定阴极射线就是电子流的?

问题2　电子在电场中的偏转程度与哪些因素有关?

问题3　电场与磁场均能让阴极射线偏转,它们之间有何区别?

问题4　阴极射线的研究对人类认识物质结构有何重要意义?

电流中的"水滴"

1881年英国的汤姆生在剑桥大学的卡文迪许实验室在克鲁克斯实验基础上又做了大量实验,发现阴极射线可以推动小车轮子转动[图1-2的(1)];而在外加磁场[图1-2的(2)]或电场[图1-2的(3)]下阴极射线的直线行进可发生如图中(2)和(3)所示的偏移。

通过对实验象进行分析,他发现阴极射线是动能极大的带负电荷的粒子流组成的。

1897年汤姆生利用阴极射线试验求出了电子的荷质比,他的实验是这样的,应用一个已知强度的电场使阴极射线的光束偏移,随后他又用与电场相垂直的磁场使阴极射线束回到原来未偏移的位置(图1-3)。应用他的实验数据测出粒子流的速度在 15000~150000km/s 之间(随电压大小而不同);粒子的质荷比(m_e/e)为 5.69×10^{-9} g/c。从而证实阴极射线是由阴极和管内气态原子解离产生的微粒所组成。通过应用不同的电压,金属电极和不同的管内气体所作的重复实验发现,阴极射线始终具有相同的性质。因此他得出一个结论:"所有物质的原子都含有相同种类的负电荷微粒"。他把这种微粒命名为电子。1906 年他因此项发现被授予诺贝尔奖金。

1911 年,美国的密立根(Millikan,R. A)测得了一个电子的电量。他测定了当带电油滴下落某一指定距离所需的时间。当他用带有不同数量电荷的油滴反复进行这些测量时发现,这些油滴的电荷量总是同一数值(1.60×10^{-19} C)的倍数。他推测,这些油滴所带的电荷数值都是一个基本电荷的倍数,他所使用的装置示意图如图所示。

基本电荷就是单个电子的绝对电荷。密立根测定的电荷和汤姆生测得的质荷比 m/e 一联立,就可算出一个电子的质量,电子质量的近似值是 9.11

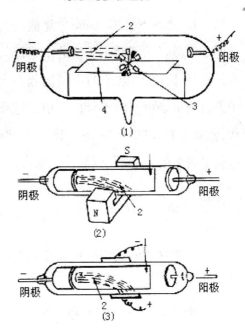

图1-1 阴极射线的性质
1.硫化锌屏 2.阴极射线的路径
3.小车轮 4.轨道

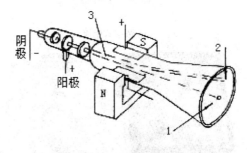

图1-1 测定电子质荷比装置示意图
1.原来的位置 2.偏移的位置
3.阴极射线的路径

$\times 10^{-31}$kg 或 5.5×10^{-4}amu。此值约为所有原子中最轻的氢原子质量的1/1836。在实际应用上,一个电子的质量比起一个原子的总质量是可忽略不计的。由于这项工作,密立根在 1932 年获得了诺贝尔奖金。这就是著名的"油滴"实验。

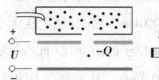

喷雾器嘴

显微镜

密立根实验原理示意图

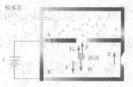

密立根油滴实验

动动小脑筋

1. 金属导体的自由电荷是什么? 电解质溶液呢?

2. 你有办法知道流过导体的电流吗?

数字式电流表

指针式电流表

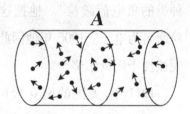

在一段时间内从两侧穿过横截面 A 的自由电荷数相等。

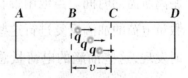

在单位时间内,在横截面 B 和 C 之间的自由电荷将全部通过横截面 C。

电子的客观存在,被后来愈来愈多的事实完全证实了。这项重大发现,不仅使我们对原子结构有了进一步认识,而且还使我们弄清了电的性质。每秒钟导体的某一横截面上会有 6.242×10^{18}

物质科学A

(10^{18}即100亿亿)个电子的定向流动,就是我们所知道的1安培的电流。电子的发现,直接证明了原子不是不可分割的物质最小单位。原子的自身还有结构,电子就是原子家族中的第一个成员。

电子所带的电量又称为元电荷,用 e 表示,$1e=1.6\times10^{-19}C$。自由电荷的定向移动形成电流,电流的大小称为电流强度(简称电流,符号为I),是指单位时间内通过导体某一截面的电荷量,即$I=q/t$。每秒通过1库仑的电量称为1「安培」(A)。安培是国际单位制中所有电性的基本单位。

物质科学A

问题1 让电子在磁场中偏转,从理论上你能求出电子的比荷吗?

问题2 通常电路一接通,用电器立即工作,金属导体的自由电子定向移动速度是不是很大?

问题3 指针式电流表测电流的工作原理是什么?

问题4 电子的发现对人类认识原子世界是一个大突破,请查相关资料。

揭开原子结构的秘密

汤姆生发现原子家族中的第一成员——电子以后,使人们认识到原子是可分的,原子还有自身的构造,那你知道原子是什么样的呢? 以前科学家们对此也探究过,以前人们认为原子结构是怎样的呢?

1903 年,汤姆生提出原子构造模型:原子是一个半径大约为 10 – 10 米的球体,正电荷均匀地分布于整个球体,电子则稀疏地嵌在球体中,这是一个类似葡萄干面包的原子模型。同年,物理学家长冈半太郎认为正负电子不可能相互渗透,提出了电子均匀地分布在一个环上,环中心是一个具有大质量的带正电的球,被他称为"土星型模型"结构。

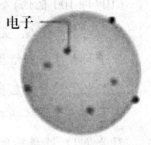

电子

葡萄干面包模型

卢瑟福在 1911 年提出了如下的原子核式结构学说:在原子的中心有一个很小的核,叫做原子核,原子的全部正电荷和几乎全部质量都集中在半径 10 – 15 米原子核里,带负电的电子在核外空间里绕着核旋转。而原子半径却有 10 – 10 米,因此原子里面绝大部分是空虚的。原子核所带的单位正电荷数等于核外的电子数,所以整个原子是中性的。电子绕核旋

太阳系模型

土星型模型

转所需的向心力就是核对它的库仑引力。卢瑟福向人们描绘的原子世界,有些像太阳系里行星围绕太阳旋转一样,电子围绕着原子核不停的旋转。

1913 年,丹麦物理学家玻尔在卢瑟福所提出的核式模型的基础上,结合原子光谱的经验规

电子壳层模型

物质科学 A

律,应用普朗克于 1900 年提出的量子假说和爱因斯坦于 1905 年提出的光子假说,提出了原子所具有的能量形成不连续的能级,当能级发生跃迁时,原子就发射出一定频率的光的假说。提出了新的原子结构——原子壳层模型理论。

1927 年,海森伯由量子力学导出的原子模型是电子位置随机变化的电子云模型。

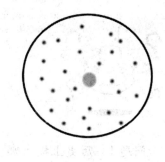

电子云模型

物质科学 A

问题:核式结构模型提出的实验依据是什么?

α 粒子散射实验装置图

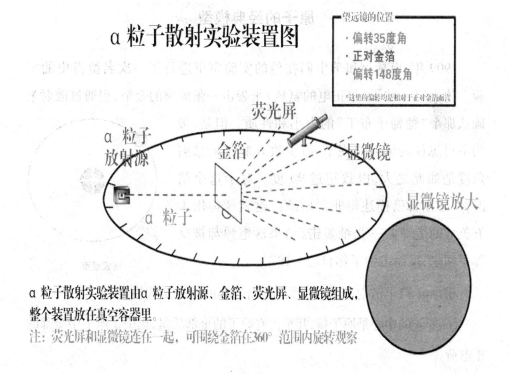

望远镜的位置
· 偏转35度角
· 正对金箔
· 偏转148度角
*这里的偏转均是相对于正对金箔而言

α 粒子放射源   金箔   荧光屏   显微镜

α 粒子   显微镜放大

α 粒子散射实验装置由α 粒子放射源、金箔、荧光屏、显微镜组成,整个装置放在真空容器里。

注:荧光屏和显微镜连在一起,可围绕金箔在360°范围内旋转观察

物质科学A

问题1　历史上提出哪些经典原子模型？

问题2　原子的太阳系模型的提出,有人说宏观与微观的大?

统一,你怎么认为

问题3　α粒子散射实验直接导致核式结构模型的提出,你怎样看待实验技术的发展对人类认识世界的作用?

问题4　原子的电子云模型是在什么理论背景下提出的?

原子的经典模型

1909 年,卢瑟福和学生们在他的实验室里进行了一次名留青史的实验。他们用 α 粒子(带正电的氦核)来轰击一张极薄的金箔,想通过散射来确认那个"葡萄干布丁"的大小和性质。但是,极为不可思议的情况出现了:有少数 α 粒子的散射角度是如此之大,以致超过 90 度。对于这个情况,卢瑟福自己描述得非常形象:"这就像你用十五英寸的炮弹向一张纸轰击,结果这炮弹却被反弹了回来,反而击中了你自己一样"。

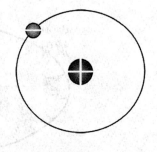

核式模型

根据 α 粒子散射实验,卢瑟福提出经典的原子核式模型:

① 原子的中心是原子核,几乎占有原子的全部质量,集中了原子中全部的正电荷。

② 电子绕原子核旋转。

③ 原子核的体积比原子的体积小得多。

原子半径 $\sim 10^{-10}$ m，原子核半径 $10^{-14} \sim 10^{-15}$ m。

你觉得奇怪吗？

2007 年 3 月 12 日伊朗发行了印有原子标志的新钞票，这一面值为 5 万里亚尔新钞的反面印有电子在轨道运行的原子标志。

"原子所占之空间，百分之九十九皆是空"。原子核的体积很小，其与整个原子的比例就如同一个体育场和其中的一粒芝麻，但原子核集中了几乎整个原子的质量，电子在原子的边缘作圆周运动，它们之间的真空区域有多大就可想而知了！

动动小脑筋

1. 卢瑟福的核式模型指出电子绕核运动，这很像一个行星系统（比如太阳系），所以这个模型称为"行星系统"模型，微观世界与宏观世界如此相似，你认为这里面有必然性吗？

2. 核式结构模型还不是终极模型，你怎么看卢瑟福提出此模型的意义？

3. 从经典理论看有核模型的困惑在哪里？什么理论才能圆满解释呢？

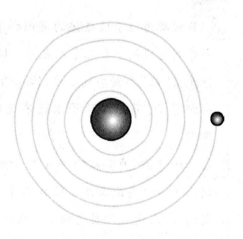

经典理论下的电子旋转

物质科学A

卢瑟福行星模型的缺陷

按经典理论,电子绕核旋转,作加速运动,电子将不断向四周辐射电磁波,它的能量不断减小,从而将逐渐靠近原子核,最后落入原子核中。

轨道及转动频率不断变化,辐射电磁波频率也是连续的,原子光谱应是连续的光谱。实验表明原

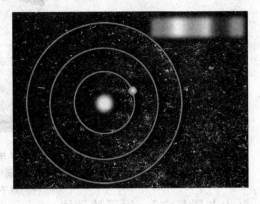

玻尔模型

子相当稳定,这一结论与实验不符。实验测得原子光谱是不连续的谱线,据此,玻尔提出一种原子模型,认为电子在各轨道上运动处于不同能级,在每个轨道上运行不向外辐射能量,即处于稳态。

道 尔 顿

被称为原子核之父的英国科学家卢瑟福(1871 - 1939),是开辟科学新时代的少数几个人之一。1899 年,28 岁的卢瑟福发现了放射性元素"钍"和新型放射线;1902 年他又发现一种原子可以蜕变为另一种原子,否定了原子永远不变的旧观念,荣获 1908 年诺贝尔化学奖。

1911 年,卢瑟福根据 α 粒子的散射实验(被称为卢瑟福实验),提出了一个类似太阳系结构的原子模型;原子中央是一个带有正电荷的硬核,所有带负电的电子围绕着这个硬核旋转,就像行星绕着太阳转一样。这一理论极大地推动了对原子结构的认识,为后来深入

探讨原子结构奠定了基础。

1919 年,卢瑟福用放射性元素钋的 α 粒子轰击氮原子,获得了氮的同位素,第一次实现了元素的人工嬗变。1920 年,他还预言中子的存在,认为原子核内部存在某些不带电的粒子,很容易打入原子核内,或者和原子核结合起来,或者在它的强大场内蜕变。12 年后,这种中子果然被人们发现,成为轰击原子核的最佳"炮弹",为原子核链式反应、释放原子能提供了条件。

卢瑟福不仅在科学上作出了重大贡献,还培养了 11 名诺贝尔奖获得者,是世界上培养诺贝尔奖获得者最多的导师。

卢瑟福也有失误的时候。他曾断言:"就释放能量来说,用原子核来做实验,可以说纯属浪费。"然而就在他死后 2 年,第一个裂变反应堆在美国建成,这标志着原子能时代的到来。卢瑟福低估了他的发现的作用,但人类永远怀念他。

问题1　为何称核式模型为经典模型?

问题2　卢瑟福的核式模型的缺陷在哪里?

问题3　弥补卢瑟福的核式模型的不足,玻尔提出什么模型?

问题4　卢瑟福在人类认识微观世界方面作解出了巨大的贡献,你了解吗?查阅相关资料。

原子的家族

质子的发现

卢瑟福考虑到电子是原子里带负电的粒子,而原子是中性的,那么原子核必然是由带正电的粒子组成的,其带电量与核外电子所带负电量一样。1914 年,卢瑟福用阴极射线轰击氢,结果使氢原子的电子被打掉,变成了带正电的阳离子,它实际上就是氢的原子核。卢瑟福推测,它就是人们从前所发现的与阴极射线相对的阳极射线。

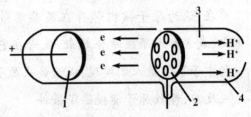

图 1 – 5　阳极射线与质子
1. 阳极 2. 穿孔阴极 3. 阳极射线 4. 质子

1886 年戈尔德斯坦(Goldstein,E.)采用穿了孔的阴极的阴极射线管(如图所示)进行实验,发现有与阴极射线反方向的射线产生,称之为极隧射线。后来证明是带正电的粒子流,又称作阳极射线。

当管内充入氢气时,发现了阳极射线是由小而重的正电荷微粒(当一个电子从氢原子中移去时,就剩下一个带正电荷的微粒)组成的。1914 年卢瑟福提出,这种粒子所带的电荷应该作为正电荷的基本单位,就象电子的电荷是负电荷的基本单位一样。他把这种粒子命名为质子。一个质子质量为 1.6725×10^{-27} kg 或 1.00727663amu,约为电子质量的 1836 倍。质子是一切原子的基本微粒之一,它带有一个单位正电荷。

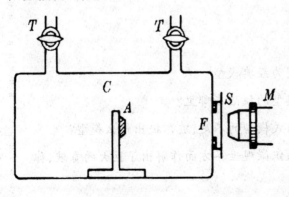

α粒子轰击氮原子核的实验

1919 年,卢瑟福用加速了的高能 α 粒子轰击氮原子,结果发现有质子从氮原子核中被打出,而氮原子也变成了氧原子。这可能是人类第一次真正将一种元素变成另一种元素,几千年来炼金术士的梦想第一次成为现实。但是,这种元素的嬗变暂时还没有实用价值,因为几十万个粒子中才有一个被高能粒子打中。到 1924 年,卢瑟福已经从许多种轻元素的原子核中打出了质子,进一步证实了质子的存在。

中子的发现

发现了电子和质子之后,人们一开始猜测原子核由电子和质子组成,因为 α 粒子和 β 粒子都是从原子核里放射出来的。但卢瑟福的学生莫塞莱(1887－1915 年)注意到,原子核所带正电数与原子序数相等,但原子量却比原子序数大,这说明,如果原子核光由质子和电子组成,它的质量将是不够的,因为电子的质量相比起来可以忽略不计。基于此,卢瑟福早在1920 年就猜测可能还有一种电中性的粒子。

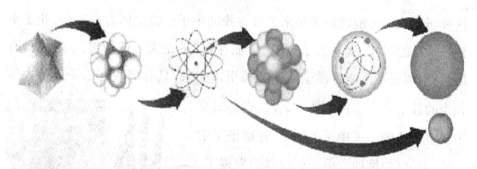

分子 ~10^{-7} cm,原子 ~10^{-8} cm,原子核 ~10^{-12} cm,质子 ~10^{-13} cm,电子、夸克 ~10^{-16} cm

卢瑟福的另一位学生查德威克(1891－1974 年)就在卡文迪许实验室里寻找这种电中性粒子,他一直在设计一种加速办法使质子获得高能,从而撞击原子核,以发现有关中性粒子的证据。1929 年,他准备对铍原子进行轰击,因为它在 α 粒子的撞击下不发射质子,有可能分裂成两个 α 粒子

物质科学 A

物质科学A

和一个中子。

与此同时,德国物理学家波特及其学生贝克尔已经先走一步。从 1928 年开始,他们就在做对铍原子核的轰击实验,结果发现,当用 α 粒子轰击它时,它能发射出穿透力极强的射线,而且该射线呈电中性。但他们断定这是一种特殊的 γ 射线。在法国,居里夫人的女婿和女

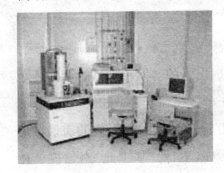

现代的电子显微镜

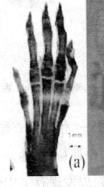

查德威克(1891 - 1974)

儿约里奥 - 居里夫妇也正在做类似的实验,波特的结果一发表,就被他们进一步证实了,但他们也误认为新射线是一种 γ 射线。这一年是 1932 年,见到德国和法国同行的实验结果后,查德威克意识到这种新射线很可能就是多年来苦苦寻找的中子。他立即着手实验,花了不到一个月的时间,就发表了"中子可能存在"的论文。他指出,γ 射线没有质量,根本就不可能将质子从原子核里撞出来,只有那些与质子质量大体相当的粒子才有这种可能。其次,查德威克用云室方法测量了中子的质量,还确证了中子确实是电中性的。中子就这样被发现了。约里奥 - 居里后来谈到,如果他们去听了卢瑟福于 1932 年在法国的一次演讲,就不会坐失这次重大发现的良机,因为卢瑟福那次正好讲到自己关于中子存在的猜想。查德威克由于发现中子而获 1935 年度诺贝尔物理奖。

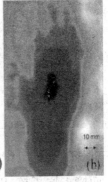

美国:中子显微镜研制成功

动动小脑筋

原子的家族中有电子、质子和中子，质子和中子是不是由更基本的粒子构成的呢？查阅相关资料。

质子和中子的组成：一个质子由两个上夸克和一个下夸克组成，一个中子由两个下夸克和一个上夸克组成。

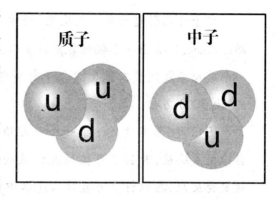

物质科学A

探索原子核奥秘的钥匙－中子

1932 年，物理学家查德威克发现了其质量同质子相当的中性粒子，这正是 1920 年卢瑟福猜想原子核内可能存在的一种中性的粒子，即中子。他因此获 1935 年诺贝尔物理学奖。1932 年，海森伯和伊凡宁柯各自独立地提出了原子核是由质子和中子组成的核结构模型。由于中子不带电荷，不受静电作用的影响，可以比较自由地接近以至进入原子核，容易引起核的变化，因此，它立即被用来作为轰击原子核的理想"炮弹"。

中子的发现为核物理学开辟了一个新的纪元，它不仅使人们对原子核的组成有了一个正确的认识，而且为人工变革原子核提供了有效手段。它可以说是打开原子核奥秘的"钥匙"，在开发原子能的伟大事业中大显身手。

物质科学 A

开启能量宝库的大门－中子

中子可以引起裂变链式反应,科学家们根据爱因斯坦质能公式,即 $E = mc^2$,估算出一个铀核裂变时会释放出 2 亿电子伏的能量,这比一个碳原子氧化成二氧化碳分子时所释放的能量(煤燃烧时的化学能)大 5000 万倍。

1942 年,费米建成了第一个反应堆。这是人类第一次实现人工自控链式反应,开创了可控核能释放的历史。目前人类正探索着热核聚变反应,其燃料氘可直接从海水中提取,为人类能源开辟了相当广阔甚至可以说是用之不竭的来源。

中子发现后,人们认识到各种原子都是由电子、质子和中子组成,于是把这三种粒子和光子称为基本粒子。随着物理实验技术的提高,人们很快发现更多的基本粒子。

问题 1 质子带正电,为何多个质子能聚合在原子核内不被排斥开?

问题 2 质子、中子是不是由更基本的粒子组成呢? 查阅相关资料。

问题 3 原子很"空旷",你怎么理解?

问题 4 你心中的原子是怎样的?

人类与放射线

放射性与我们同在

放射性是宇宙与生俱来的。

只是到了 1896 年,贝可勒尔才发现了这种特殊的现象。实际上,自然界中存在着微弱的放射性,我们就生活在这样的环境中。每年都要接受一定量的放射性,其中各有 1/3 分别来宇宙射线、食物和大地。

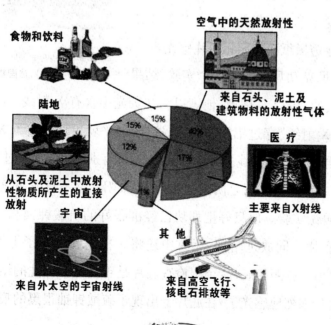

食物和饮料

空气中的天然放射性
来自石头、泥土及建筑物料的放射性气体

陆地
从石头及泥土中放射性物质所产生的直接放射

医疗
主要来自X射线

宇宙
来自外太空的宇宙射线

其他
来自高空飞行、核电石排放等

物质科学A

贝克勒耳的偶然

在一个物理学家的家庭里,爸爸是研究荧光的。有一种钟表上使用的物质,白天在阳光照射后,到了黑夜里会发出微弱的光亮,在物理学上,这种经过太阳的紫外线照射以后发出的可见辐射,称为荧光。

1896 年,儿子亨利·贝克勒耳从爸爸那里选了一种荧光物质铀盐,学名叫硫酸钾铀,想研究一下一年前伦琴发现的 X 射线到底与荧光有没有关系。

贝克勒耳想,要弄清这个问题,方法并不难。只要把荧光物质放在一块用黑纸包起来的照相底片上面,让它们受太阳光的照射,就能作出判断。由于太阳光是不能穿透黑纸的,因此太阳光本身是不会使黑纸里面的照相底片感光的。如果在由于太阳光的激发而产生的荧光中含有 X 射线,X 射线就会穿透黑纸而使照相底片感光。

贝克勒耳 Antoine Henri Becquerel (1852 - 1908),法国物理学家

于是,贝克勒耳进行了这个实验,结果照相底片真的感光了。因此,他满以为在荧光中含有 X 射线。他又让这种现象中的"X 射线"穿过铝箔和铜箔,这样,似乎就更加证明了 X 射线的存在。因为当时除了 X 射线之外,人们还不知道有别的射线能穿过这些东西。

可是,有次一连几天是阴沉沉的天气,太阳始终不肯露头,这就使贝克勒耳无法再做实验。他只好把那块已经准备好的硫酸钾铀和用黑纸包裹着的照相底片一同放进暗橱,无意中还将一把钥匙搁在了上面。几天之后,当他取出一张照相底片,企图检查底片是否漏光。冲洗的结果,却意外地发现,底片强烈地感光了,在底片上出现了硫酸钾铀很黑的痕迹,还留有

钥匙的影子。可这次照相底片并没有离开过暗橱,没有外来光线;硫酸钾铀未曾受光线照射,也谈不上荧光,更谈不到含有什么 X 射线了。

那么,是什么东西使照相底片感光的呢? 照相底片是同硫酸钾铀放在一起的,只能推测这一定是硫酸钾铀本身的性质造成的。硫酸钾铀是一种每个分子都含有一个铀原子的化合物。

神秘的射线

物质的最小单元是分子,分子若是由不同元素的原子组成的物质,被称为化合物。

硫酸钾铀这种化合物,含有硫原子、氧原子、钾原子、铀原子,通过比较和鉴别,后来进一步发现,原来,硫酸钾铀中,硫、氧、钾原子是稳定的,只有其中的铀原子能够悄悄地放出另一种人们肉眼看不见的射线,使照相底片感光了。

这种神秘的射线,似乎是无限地进行着,强度不见衰减。发出 X 射线还需要阴极射线管和高压电源,而铀盐无需任何外界作用却能永久地放射着一种神秘的射线。

贝克勒耳虽然没有完成他预想的试验,却意外地发现了一种新的射线。后来,人们把物质这种自发放出射线的性质叫放射性,把有放射性的物质叫做放射性物质。这就是世界闻名的关于天然放射性的发现。

在科学上,决不能轻易地放过偶然出现的现象。新的苗头或线索,一经出现,就要立即抓住它,刨根究底,问它个为什么,查它个水落石出。

据说,在贝克勒耳之前,已经有人发现了这种怪现象。有一位科研人员把沥青铀矿石和包好的照相底片搁在一起,底片因曝光而作废了。但是,这个人只得出了一个"常识性"的结论:不能把照相底片同沥青铀矿石放在一

物质科学A

起。这个结论虽然是对的,也有实用价值;可是由于他缺乏一种刨根究底的钻研精神,没有把原因搞清楚,以至白白地放过了完成一项重大发现的机会。

粗心的人是难有重要发现的,伟大的机会到来时,常常被擦肩而过。因此,科学上想要有成就,必须首先养成善于细心观察事物的习惯和本领。

近代微生物学奠基人巴斯德说过一句

沥青铀矿石

话:"在观察的领域中,机遇只偏爱那种有准备的头脑。"这话说的很有道理。

新世纪的火炬

天然放射性的发现揭示了一个非常重要的问题。在自然界中有某些元素能自发地放出射线来,可是这些元素又都是由某种原子构成的,这不就说明了原子本身还会发生某种变化吗?这种变化深刻地意味着原子还有结构,原子还隐藏着秘密。所以说,这项发现从根本上动摇了在这以前那种认为原子是不可分割的陈旧观念。从此,人类跨入了进一步了解原子的大门。

天然放射性的发现被誉为原子科学发展的第一个重大发现。

在世纪之交的十九世纪末期,科学上是个令人迷惘的时期,面对如此重大的发现,有的科学家想不通,例如,当时很有名望的科学家洛伦兹就企图把这些崭新的实验事实纳入旧理论的框框,从旧的原子学说中寻找答案,这当然是不行的,不会取得任何成就的。于是,在这些客观事实面前,他们苦恼和彷徨,甚至对科学丧失信心,哀叹物理学发生了"危机","科学破产"了。他本人曾绝望地说："在今天,人们提出了与昨天所说的话完全相反的主张;在这样的时期,真理已经没有标准,也不知道科学是什么了。我很悔恨,我没有在这些矛盾出现的五年前死去"。个别科学家甚至因此而走上了自杀的道路。

而后来的事实发展充分证明,正是这些划时代的发现,点燃了新世纪的火炬。

无处不在的宇宙射线

宇宙充满辐射。自古以来,地球上的生命便暴露于自然环境的辐射中。

辐射包括不同能量的电磁波(例如光线、无线电波及 X 射线等)、超声波,以及由放射性物质因衰变放出的粒子(例如 α 粒子及 β 粒子等)。

辐射的分类如下表所示:

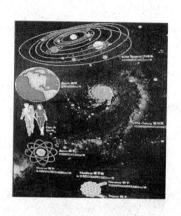

宇宙充满辐射

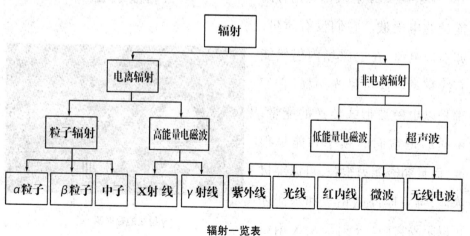

辐射一览表

我们这里所谈的放射线类型主要是指：X 射线、α 射线、β 射线、γ 射线、中子流等。它们所产生的主要是电离辐射。

物质科学A

电离辐射

电离辐射包括高速粒子及高能量电磁波。它们的高能量可把其他原子内的电子撞出原子之外，生成带正电荷的离子及带负电荷的电子。

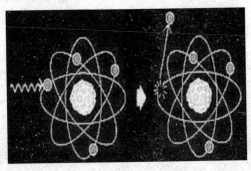

电离过程

X 射线与 γ 射线

X 射线是由受激发的电子云射出，而其他的电离辐射主要是由不稳定原子核在衰变时射出的。

γ 射线是由不稳定原子核射出的。

X 射线的辐射源

γ 射线及 X 射线都是拥有高能量的电磁波。它们没有质量，亦不带电荷，在电磁场内仍然能直线移动。像可见光一样，它们都是以电磁波形式传送的能量，不同的是它们的频率和能量很高，而且穿透能力很强，可以穿过人体，唯有厚厚的铅板和水泥才可以阻隔它们。γ 射线及 X 射线

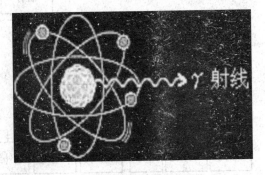

γ 射线的辐射源

相差不远,主要不同在于它们的辐射源。

α 粒 子

α 粒子带正电荷,由两粒带正电荷的质子和两粒中性的中子组成,相等于一个氦原子核。由于带正电荷,它会受电磁场影响。在自然界内大部份的重元素(原子序数为 82 或以上)都会在衰变时释放它,例如铀和镭。由于 α 粒子的体积比较大,又带两个正电荷,很容易就可以电离其他物质。因此,它的能量亦散失得较快,穿透能力在众多电离辐射中是最弱的,人类的皮肤或一张纸已能隔阻 α 粒子。

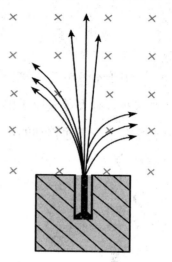

射线在磁场中的偏转

物质科学 A

不过如果人类吸入或进食具有 α 粒子放射性的物质,譬如吸入了辐射烟羽,α 粒子就能直接破坏内脏细胞。它的穿透能力虽然弱,但由于它的电离能力很强,它对生物所造成的危害并不下于其他辐射。

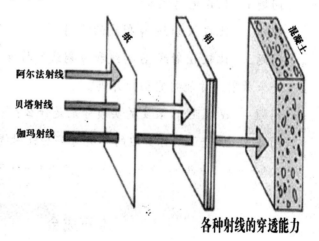

阿尔法射线
贝塔射线
伽玛射线

各种射线的穿透能力

几种射线的穿透力

β 粒 子

β 粒子是高速的电子,由于带负电荷,会受电磁场影响。它的体积比 α 粒子细得多,穿透能力则比 α 粒子强,需要一块几毫米厚的铝片才可以阻挡它。很多放射性物质都会在衰变时放出 β 粒子。

中 子

中子不带电荷,是组成原子核的粒子之一,穿透能力极高,只有水或石蜡这些含有大量氢原子的物质,可以阻隔中子。核电站的核反应堆中,核裂变会生成高速移动的中子,通常是用水去阻隔及控制中子的移动速度。

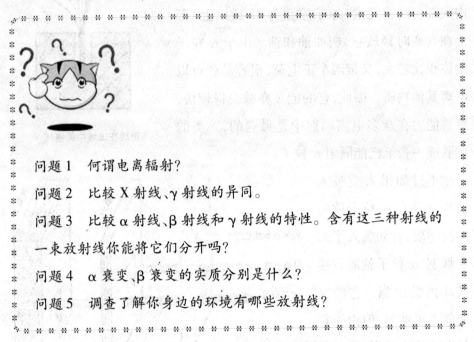

问题 1　何谓电离辐射?

问题 2　比较 X 射线、γ 射线的异同。

问题 3　比较 α 射线、β 射线和 γ 射线的特性。含有这三种射线的一束放射线你能将它们分开吗?

问题 4　α 衰变、β 衰变的实质分别是什么?

问题 5　调查了解你身边的环境有哪些放射线?

点石成金

原子核的稳定度可以用若干参数来描述,其中一个参数是核粒子的结合能。原子核的总结合能是指把原子核分开成为独立核粒子所需的能量。换句话说,独立核粒子结合组成一个原子核,就会释放出相等于该原子核的总结合能的能量。如果把原子核内每颗核粒子的平均结合能(又称比结合能)

与质量数(原子核中的质子和中子的总数)绘制成图(如下图),便可发现图中曲线在质量数大约等于 56(即铁原子核)时到达最高点,即是铁原子核的总体能量最低。因此,如以能量作为考虑因素,任何大于铁的原子核,会倾向分裂,放出多余的能量。而较小的原子核则倾向互相结合,组成较大的原子核。

不稳定的原子核

铀-235 是核电站的燃料,其原子核内有 92 粒质子及 143 粒中子。由于原子核不稳定,铀原子核会分裂,并在过程中释放多余的能量。

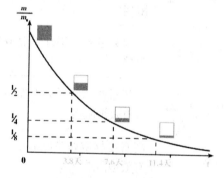

氡的衰变

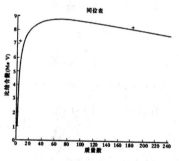

原子核的比结合能
与质量数的关系图

放射性核素半衰期表	
放射性核素	半衰期
氡-219	4 秒
钾-38	7.6 分钟
硒-73	7.2 小时
碘-131	8 日
钴-60	5.26 年

铯 – 137	30 年
碳 – 14	5,730 年
碘 – 129	17,000,000 年
铀 – 235	703,800,000 年
钾 – 40	1,260,000,000 年

电 离 辐 射 特 性 表

名称	来源	性质	电荷	穿透力
α 粒子	原子衰变	一粒氦原子核	2 +	一张纸或皮肤外层可有效地阻挡
β 粒子	原子衰变	一粒电子	1 –	一块数毫米的铝片可有效地阻挡
中子	核反应堆	一粒中子	无	含氢量高的物质如石蜡或水可有效地阻挡
γ 射线	原子衰变	高能量电磁波	无	高密度物质如厚厚的水泥可有效地阻挡
X 射线	受激发的电子云	高能量电磁波	无	高密度物质如厚厚的水泥可有效地阻挡

常 见 的 放 射 性 核 素 所 放 出 的 辐 射

氚	1	★	
钴 – 60	27	★	★
锶 – 90	38	★	

物质科学A

锝－99	43		★	
碘－131	53		★	★
铯－137	55		★	★
氡－222	86	★		★
镭－226	88	★		★
钍－232	90	★		★
铀－238	92	★		★
钚－236	94	★		★
镅－241	95	★		★

肉眼看不见放射线,你有办法探测射线的存在吗?

云室实验

在云室看到的只是成串的小液滴,它描述的是射线粒子运动的径迹,而不是射线本身。云室利用的是射线的电离本领。径迹的长短和粗细可以知道粒子的性质;粒子轨迹的弯曲方向可以知道粒子带电的正负。

甲

乙

α、β 射线的径迹

点石成金

在古代,不论是东方还是西方,都有一大批人在追求"点石成金"之术,他们妄想将一些普通的矿石变成黄金。当然,这些炼金术士的希望都破灭了,因为他们不知道一种物质变成另一种物质的根本在于原子核的变化。不过,类似于"点石成金"的事一直就在自然界中进行着,这就是伴随着天然放射现象发生的"衰变"。

一颗不稳定(即具有放射性)的原子核在放射出粒子及能量后可变得较为稳定,这个过程称为"衰变"。这些粒子或能量(后者以电磁波方式射出)统称辐射。由不稳定原子核发射出来的辐射可以是α粒子、β粒子、γ射线或中子。

放射性核素在衰变过程中,该核素的原子核数目会逐渐减少。衰变至只剩下原来数目一半所需的时间称为该核素的半衰期。每种放射性核素都有其特定的半衰期,由几微秒到几百万年不等。

每经过一个半衰期,放射性物质的放射性便会剩下一半,经过二个半衰期,放射性便会剩下原先的四分之一,余此类推。

问题1　元素周期表中哪些元素的平均结合能较大?

问题2　放射性元素的半衰期与外界的物理状态和化学状态有关吗?

问题3　放射性元素的半衰期在科学技术上有哪些应用?

问题4　在元素周期表中找找有哪些天然放射元素?

人类健康的隐形杀手

一些从事早期研究,应用 X 射线的物理学家和医生,以及发现和研究某些放射性核素的科学家,由于当时对辐射可能带来的危害还没有充分的认识,加上各方面条件的限制,因而付出了不少的代价甚至生命。发现镭的居里夫人,在长期研究工作中,骨髓遭到过量照射,因而患上再生障碍性贫血病而付出了宝贵的生命。在 30 年代初期,X 射线和放射性核素曾应用于

居里先生与居里夫人

治疗某些疾病。由于病人累积过高剂量,曾诱发白血病和肝癌、骨癌等恶性肿瘤。其后种种因辐射而诱发的疾病相继发现,引起了人们对辐射危害的关注。

"鬼屋"有鬼吗

我国南方某村有座房屋,人们称之为"鬼屋",因为居住此屋的人往往因为各种怪病而死,所以后来没人敢住。有三个年轻的小伙子,胆子大,搬了进去。一年后,他们全都食欲减少,面黄肌瘦、精神萎靡。经医生检查,原来得了癌症。不久,他们就都离开了人世。

1984 年,科学家对此进行了调查研究,发现"鬼屋"内的空气中含有大量具有放射性的氡。氡被吸入肺内,能诱发肺癌。这些致人死亡的氡来自建筑房屋的石头。

现在,"鬼屋"已经不存在了。但是,随着室内装饰中天然石材的使用,室内放射性污染的问题越来越引起人们的关注。

氡气(特别是氡–222)是一个主要的天然辐射源。氡–222主要由泥土及岩石中的铀–238衰变生成,并从地面散发至大气中。如室内空气不流通,散发出来的氡气会积聚在室内。氡气在衰变过程中会放出α粒子,当我们吸入氡气时,我们的肺部便会受α粒子影响。为保持健康,我们应该保持室内空气流通,以免氡气积聚。

 查阅相关资料了解对我们建康有影响的放射线从何而来?

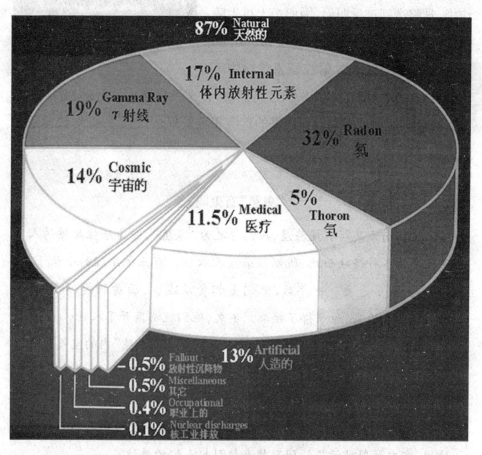

我们日常吸收到辐射剂量的比例

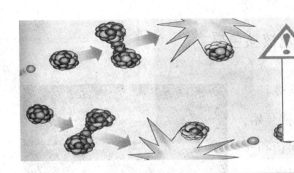

⚠️ **安全第一**

核反应堆还释放出另一种形式的能量——放射线。如果放射线漏出到大气中，很快会对人类、动物和植物造成严重的伤害，这就是把核反应堆封闭在一层厚厚的钢筋混凝土保护外壳中的原因。

物质科学A

贫　铀　弹

在 1999 年的科索沃战争中,贫铀弹被用于战场。以美国为首的北约军队共发射了 31000 多枚贫铀弹。贫铀弹的使用及其带来的严重后果,引起了世人的高度关注。

所谓"贫铀"是从天然铀中提取铀235 后的废料,99% 以上是铀238,由于它具有低水平的放射性,故称贫铀。贫铀合金具有高密度、高强度、高韧性的特点,用它做弹芯可以摧毁坚固的建筑物甚至坦克等装甲目标。贫铀弹爆炸后的残留物会产生一定的放射性,对人体造成危害。由于残留物分布广泛,清理困难,所以贫铀弹的使用造成了重大环境灾难。

问题 1　查阅相关资料了解辐射对人体健康有哪些危害?

问题 2　在生活中你是如何注意辐射的?

问题 3　家庭装饰中可能有哪些放射性危害?

问题 4　把你了解的有关辐射知识告诉你的家人、朋友、同学。

莫谈核色变

辐射对人体的作用是一个极其复杂的过程。人体从吸收辐射能量开始，到生成生物效应，乃至机体的损伤和死亡为止，涉及许多不同性质的变化。

在辐射的作用下，人体内的生物大分子，如核酸、蛋白质等会被电离或激发。这些生物大分子的性质会因此而改变，细胞的功能及代谢亦遭到破坏。实验证明辐射可令 DNA 断裂或阻碍分子复制。此外，人体内的生物大分子存在于大量水分子中，当辐射作用于水分子时，水分子亦会被电离或激发，生成有害的自由基（如 $OH-1$、$H+$ 自由基等），继而使在水分子环境中的生物大分子受到损伤。

虽然辐射可能对人体造成损伤，但如剂量不高，机体可以通过自身的代谢过程对受损伤的细胞或局部组织进行修复，这种修复作用程度的大小，既与原初损伤的程度有关，又可能因个体间的差异而有所不同。

辐射可能对身体细胞和组织造成损害。辐射的影响，视乎辐射的强度、

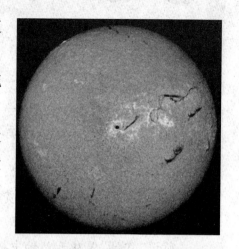

太阳的射线

国际通用的放射性物质的标志

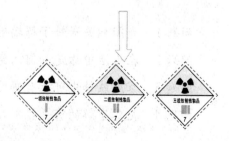

接触时间的长短及受影响身体细胞的种类而定。

人体若突然受到大量辐照，即超过 1 希沃特，会引致急性辐射伤害，并生成短期症状如作闷、呕吐、极度疲倦和脱发等现象。如所受辐射剂量达到 10 希沃特或以上而又缺乏适当治理，则会有生命危险。此外，辐射会增加患癌和子女出现遗传缺陷的机会。

一般人在日常生活中也受到

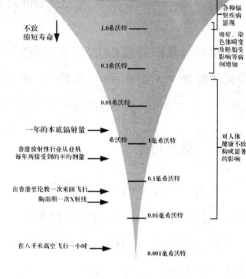

致命
不致
缩短寿命

10希沃特
1.0希沃特
0.1希沃特
0.01希沃特
一年的本底辐射量
希沃特 — 1毫希沃特
香港放射性行业从业员
每年所接受到的平均剂量
0.1毫希沃特
由香港至伦敦一次来回飞行
胸部照一次X射线
0.01毫希沃特
在八千米高空飞行一小时
0.001毫希沃特

各种辐射疾病显现
癌症、染色体畸变及胚胎受影响等病例增加

对人体健康不致构成显著的影响

辐射的影响

来自自然界的辐照，但辐照量极低，即使在工作时暴露于辐射中的工人，估计由辐射引致的死亡率仍较一些常见致命因素所引致的死亡率为低。

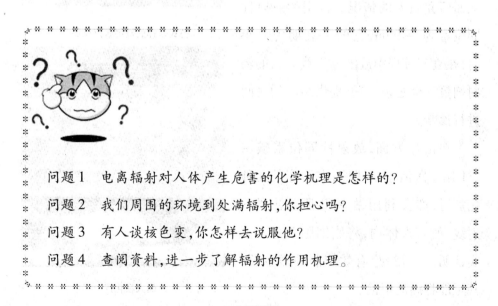

问题1　电离辐射对人体产生危害的化学机理是怎样的？

问题2　我们周围的环境到处满辐射，你担心吗？

问题3　有人谈核色变，你怎样去说服他？

问题4　查阅资料，进一步了解辐射的作用机理。

物质科学A

生活的好帮手

辐射与我们息息相关,很多时我们不知不觉间已经享用到辐射应用所带来的好处。无论在发电、医疗、工业方面,辐射的应用都多不胜数。只要运用得宜,辐射也可以造福社会。辐射也是我们的朋友!

物质科学A

医学用途

辐射在医疗上的用途为人所熟识,它可以协助医生诊断及治疗多种疾病。

在诊断方面,X 射线可用来判断身体器官和组织的异常变化。运用现时先进的造影技术及计算机科技,只要我们将放射性同位素注入或进食入病人体内,就可以生成立体或动态的图象,从而研究病人的情况。常用的放射性同位素为 – 99m, 它的半衰期为六小时,在衰变过程中放出 γ 射线。它的辐射剂量安全之余,亦能提供足够的时间进行诊断。

在治疗方面,放射性同位素碘 – 131 用于医治甲状线癌;在治疗某几种癌症时,亦会利用钴 – 60 所放出的 γ 射线,射入人体内,将癌细胞杀死。事实证明,放射治疗有效抑制肿瘤生长,甚至能将癌症根治。

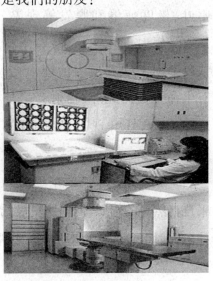

各式各样的放射医疗仪器

病人在化疗

现今很多医疗用品都利用钴 - 60 所放出的 γ 射线进行消毒。这种消毒程序比用蒸气消毒更有效及便宜。用完即弃的针筒、棉花、手术用品就是很好的例子。由于不需经过高温处理,很多会被高温破坏的物料,例如塑胶等,都可以使用放射程序消毒。加上 γ 射线有穿透能力,物件可以在包装封密后才进行消毒,确保物件在解封前不会受到细菌污染。

二零零一年十月期间,在美国发现了炭疽菌邮件后,美国政府亦是利用 X 射线,为可疑的邮件消毒,以免炭疽菌在美国引起恐慌,其消毒的原理亦是一样。

工业及农业用途

在工业方面,γ 射线穿透力特强,可用作探测焊接点和金属铸件的裂缝。另外,在工业生产线上的自动质量控制系统,例如测检罐装饮品内的饮料高度或香烟的烟草密度等,都广泛应用了辐射。辐射更可用于量度电镀薄膜的厚度,也可用于消除静电。

在农业方面,放射性同位素经常被用作追踪剂。将放射性物质加入肥料中,然后量度农作物的放射性,便可以知道有多少肥料被吸收,及有多少流失。辐射亦可供灭虫之用。Sterile Insect Technique(SIT)可以令昆虫失去繁殖能力,从以减少它们的数目。墨西哥运用了这种方法,成功地把害

烟火感应器

避雷针头

虫的数目大大减少。在联合国食物及农业组织（FAO）及国际原子能机构（IAEA）的协助下,这个计划正在多个国家进行。

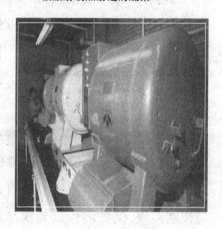

被放射线照射过的蔬菜

消费品用途

有些用品,如烟火感应器、萤光指示牌和避雷针等都包含放射性物质。通过合适的设计和适当的使用,辐射的好处其实远远大于其所引起的危害。

考古用途

透过量度古物内天然放射性物质的浓度,我们可以鉴定古物所属的年代,常用的技术包括"碳－14 定年法"和"热释光定年法",对地质学、人类学及考古学的研究都有莫大的帮助。

进行 SIT 程序的仪器

碳－14 是因宇宙射线撞击地球大气层而生成的,碳－14 氧化成二氧化碳后会被植物吸收。同时,动物又会进食植物,所以大部份有机体都会有一定份量的碳－14。但当植物和动物死去,他们便会停止吸取碳－14。碳－14 的份量因衰变会随时间而减少,每经过一个半衰期

萤光＜出口＞指示牌

（即大约 5,730 年），含量便会减半。透过量度古代有机体的碳－14 含量，我们便可以估计该有机体的死亡年份。

泥土中含有微量的铀、钍和钾等天然放射性物质，这些放射性同位素的半衰期可以长达 10 亿年。同时，粘土中又含有各种无机晶体和矿物质。当无机晶体受到上述放射性物质照射后，一部份辐射能量会令晶体发热，另一部分能量则贮藏在晶体中。如果晶体被加热，部份能量会以可见光的形式释放出来，这种现象叫做热释光现象。热释光定年法可判断古物距离最

草叶纹青花瓷碟

硬陶豆

古物可以用热释光定年法判定年代

近的一次加热的时间，古物发出的热释光越强，年代就越远，反之，则属较近期。热释光定年法常被用作判断陶器的。

物质科学 A

问题 1　查阅资料了解放射线在医学上有哪些用途？

问题 2　查阅资料了解放射线在工业上有哪些用途？

问题 3　在日常生活中有哪些地方用到放射线的？

问题 4　如何辩证地看待放射线？

问题 5　今后你想利用放射线如何更好地为人类服务？

原子的火花

核聚变

铀核裂变

发现原子后,科学家们又发现原子核能够发生分裂,也就是一个原子核分成两个原子核、三个原子核……而且在分裂后还能产生很大的能量。铀核裂变为两个碎片(两个新的原子核)的消息立即传遍了全世界。紧接着各国科学家们都证实:铀核确实是分裂了。

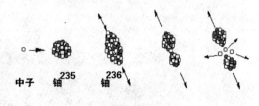

中子　铀235　铀236

铀核裂变反应

铀核分裂产生的这个能量,比相同质量的化学反应放出的能量大几百万倍以上! 就这样,人们发现了"原子的火花",一种新形式的能量。这个能量就是原子核裂变能,也称核能,或原子能。但当时,人们只注意到了释放出惊人的能量,却忽略了释放中子的问题。稍后,哈恩、约里奥·居里及其同事哈尔班等人又发现了更重要的一点,也是最引人注目的一点,就是:在铀核裂变释放出巨大能量的同时,还放出两、三个中子来。

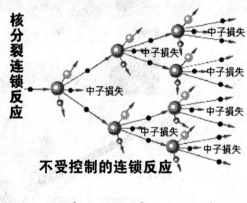

核分裂连锁反应

中子损失

不受控制的连锁反应

这是又一项惊人的发现。一个中子打碎一个铀核,产生能量,放出两个中子来;这两个中子又打中另外两个铀核,产生两倍的能量,再放出四个中子来,这四个中子又打中邻近的四个铀核,产生四倍的能量,再放出

中子损失　中子损失　中子损失

控制下的连锁反应

● 原子核　◎ 分裂产物　● 中子

核链式裂变反应

八个中子来……。以此类推,这样的链式反应,也就是一环扣一环的反应,又称连锁反应,持续下去,宛如雪崩,山顶上一团雪滚下来,这团雪带动了其它雪,其它的雪再带动另一块雪,这样连续下去,愈滚愈烈,瞬间就会形成大雪球,滚下山坡,势不可挡。这意味着:极其微小的中子,将有能力释放沉睡在大自然界中几十亿年的物质巨人。

正是由于这一发现,卢瑟福和同他持同样观点的人认为开发利用原子能量的设想不可能的结论,终于被一种新的科学手段所动摇,并且最后被彻底摧毁了。

1944 年,哈恩因为发现了"重核裂变反应",荣获该年度的诺贝尔化学奖。但是,在这一研究中曾经与其合作并作出过重大贡献的梅特纳和斯特拉斯曼却没有获此殊荣,对此,人们不免感到遗憾。特别是对梅

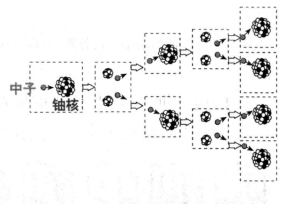

链式反应

特约而言,是她首先创造性的采用了"原子分裂"这个科学史上从来没有过的名词,难道仅仅因为她是一位女科学家就可以"忽略不计"吗?对此,一直到20世纪的90年代,仍然有人为她和有同样命运的女科学家们感到不平。

不过,尚可欣慰的是,1966 年,梅特纳博士和哈恩博士,还有斯特拉斯曼博士共同获得瑞典原子能委员会颁发的 5 万美元的"恩里科·费米奖"。那时的梅特纳已有 80 高龄,身体很虚弱,不能到维也纳去领奖,是由原子能委员会主席西博格博士亲自到英国剑桥向她授奖的。这对梅特纳博士来说,当是极大的荣誉,也是莫大的欣慰。

你知道什么是核反应中的连锁反应吗?

提供材料:许多骨牌

方法参考:1.把骨牌竖着排成一条直线,使得一个骨牌倒下去时,它会使下一个跌倒,直到所有骨牌依次倒下。

2.推倒第一块骨牌,观察骨牌依次倒下的现象。

3.这是所谓的"线性反应"(一块骨牌作用在一条直线上的另外一块骨牌上)。

4.叠起如图所示的第二组骨牌,使得一块骨牌被推倒时它再碰倒几块骨牌。

5.这种现象就是连锁反应。它是从原子反应堆释放出原子能所必要的。在连锁反应中,原子的中子反应就像这个机制里的骨牌一样。

线性反应

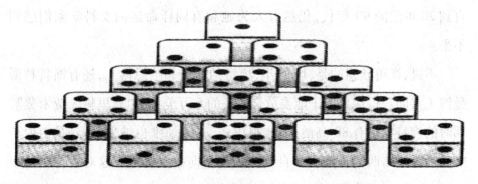

连锁反应

问题1 重核裂变为何会释放核能？

问题2 你怎么理解链式反应？

问题3 核能从诞生到现在短短几十年，人类利用核能无论从速度还是从规模上都是"超速"、"超大"，为何有这样的发展？

问题4 小小的原子核能释放能量，你怎么看？

核能从哪里来

核能的来源

阿尔伯特·爱因斯坦

20世纪最伟大的科学家爱因斯坦提出了著名的质能公式：$E = mc^2$，E代表物体的能量，m代表运动物体的质量，c代表光在真空中的传播速度。

研究发现，原子核的质量并不等于组成原子核的一个个质子和中子的质量之和。"亏损"的质量 $\triangle m$ 对应着释放出相应的能量，$\triangle E = \triangle mc^2$ 这个能量就是核能，它要比化学能约大280万倍。

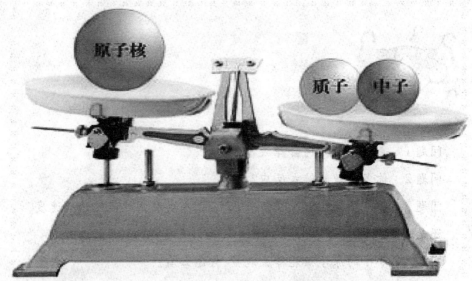

爱因斯坦早在1905年发表狭义相对论的原始论文,作为相对论的一个推论,他又提出了质能关系。这种关系的发现,对解释原子能释放有重大意义。

在知道原子能以前,只知道世界上有机械能,如汽车运动的动能;有化学能,如燃烧酒精放出热能转变为二氧化碳气体和水;有电能,当电流通过电炉丝以后,会发出热和光,等。这些能量的释放,都不会改变物质的质量,只

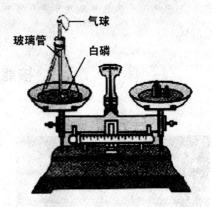

化学反应中的质量守恒

会改变能量的形式。例如,两辆完全相同的汽车,都是5吨,一辆在运动,一辆是静止的,运动的车虽然有动能,但其质量与静止的车是完全一样的,不会因为运动而发生变化;如果运动的车一旦与静止的车发生碰撞,猛然停止时,动能虽然失去了,可我们发现,汽车在相撞处变得很热。这是什么原因呢?汽车的动能转变成了撞击点金属的热能,而汽车的质量仍然没有改变,还是5吨。这是用我们的常识可以理解的。

但爱因斯坦发现质能关系以后,他的理论是,质量也可以转变为能量,而且这种转变的能量非常巨大。例如,原子能比化学反应中释放的热能要大将近 5 千万倍:铀核裂变的这种原子能释放形式约为 200,000,000 电子伏特(一种能量单位),而碳的燃烧这种化学反应能量仅放出 4.1 电子伏特。

王夫之,1619 年－1692 年。明末清初时在《俟(sì)解》一文中明确提出了物质在变化中没有消失,并举出了金属汞加热的例子。比西方科学家的研究早了 100 年。

原子能是怎样产生的呢? 前面已经提到,铀核裂变以后产生碎片,我们发现,所有这些碎片质量加起来少于裂变以前的铀核,那么,少掉的质量到哪里去了,就是因为转变成了原子能。数学上用 $E = mc^2$ 的公式来表示,即:能量等于质量乘以光速的平方。由于光速是个很大的数字($c = 30,000,000,000$ 厘米/秒),所以质量转变为能量后会是个非常巨大的数量。爱因斯坦的理论超出了人们的常识范围,这正是他的过人之处。

质能方程

爱因斯坦的这个质能关系正确地解释了原子能的来源,奠定了原子能理论的基础。

物质科学 A

Nobel Prize

问题1 化学反应中质量守恒,核裂变反应质量亏损,你怎么看?

问题2 质能方程是爱因斯坦的相对论思想,查阅资料了解相对论。

问题3 比较铀裂变释放的核能与煤燃烧释放的化学能。

问题4 不同形式的物质运动对应不同形式的能量,你了解有哪些

形式的能量?

核裂变与核聚变

核裂变反应

一个原子核分裂成几个原子核的变化。只有一些质量非常大的原子核像铀、钍等才能发生核裂变。这些原子的原子核在吸收一个中子以后会分裂成两个或更多个质量较小的原子核,同时放出二个到三个中子和很大的能量,

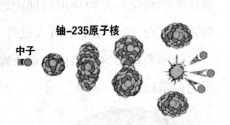

核裂变及链式裂变反应

又能使别的原子核接着发生核裂变……,使过程持续进行下去,这种过程称作链式反应。原子核在发生核裂变时,释放出巨大的能量称为原子核能,俗称原子能。1克铀235完全发生核裂变后放出的能量相当于燃烧2.5吨煤所产生的能量。

核聚变反应

轻核结合成质量较大的核叫做聚变。核聚变反应有可能成为无穷无尽的能量来源。如天然水中含有的氢和氘及氚，这些轻元素的原子核互相碰撞、聚合时，就能放出巨大的能量。核裂变时，1克铀能产生3吨煤所能产生的能量，核聚变反应时，1克氘能释放出其4倍即12吨煤所能产生的能量。若将海水中的

核聚变反应示意图

氘都用掉，从计算可得到相当于现在世界上每年使用的能量的1000亿倍。自然界中，太阳内部的温度高达摄氏1千万度以上，在那里就进行着大规模的聚变反应。太阳辐射出的光和热，正是由聚变反应释放的核能转化而来的。可以说，地球上的人类每天都享用着聚变释放出的能量。

路漫漫其修远兮，吾将上下而求索

核聚变较之核裂变有两个重大优点。一是地球上蕴藏的核聚变能远比核裂变能丰富得多。据测算，每升海水中含有0.03克氘，所以地球上仅在海水中就有45万亿吨氘。1升海水中所含的氘，经过核聚变可提供相当于300升汽油燃烧后释放出的能量。地球上

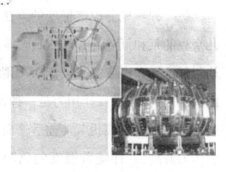

受控核聚变——磁约束

蕴藏的核聚变能约为蕴藏的可进行核裂变元素所能释出的全部核裂变能的1000万倍，可以说是取之不竭的能源。至于氚，虽然自然界中不存在，但靠中子同锂作用可以产生，而海水中也含有大量锂。第二个优点是既干净又安全。因为它不会产生污染环境的放射性物质，所以是干净的。同时

受控核聚变反应可在稀薄的气体中持续地稳定稳定进行,所以是安全的。

目前人类已经可以实现不受控制的核聚变,如氢弹的爆炸。但是要想能量可被人类有效利用,必须能够合理的控制核聚变的速度和规模,实现持续、平稳的能量输出。科学家正努力研究如何控制核聚变,但是现在看来还有很长的路要走。

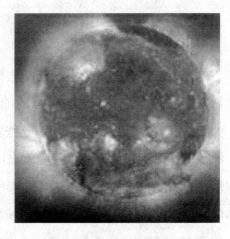

受控核聚变——惯性约束

目前实现受控核聚变已有不少方法。最早的著名方法是"托卡马克"型磁场约束法。它是利用通过强大电流所产生的强大磁场,把等离子体约束在很小范围内。虽然在实验室条件下已接近于成功,但要达到工业应用还差得远。按照目前技术水平,要建立托卡马克型核聚变装置,需要几千亿美元。

另一种实现受控核聚变的方法是惯性约束法。惯性约束核聚变是把几毫克的氘和氚的混合气体或固体,装入直径约几毫米的小球内。从外面均匀射入激光束或粒子束,球面因吸收能量而向外蒸发,受它的反作用,球面内层向内挤压(反作用力是一种惯性力,靠它使气体约束,所以称为惯性约束),就像喷气飞机气体往后喷而推动飞机前飞一样,小球内气体受挤压而压力升高,并伴随着温度的急剧升高。当温度达到所需要的点火温度(大概需要几十亿度)时,小球内气体便发生爆炸,并产生大量热能。这种爆炸过程时间很短,只有几个皮秒(1皮等于1万亿分之一)。如每秒钟发生三四次这样的爆炸并且连续不断地进行下去,所释放出的能量就相当于百万千瓦级的发电站。原理上虽然就这么简单,但是现有的激光束或粒子束所能达到的功率,离需要的还差几十倍、甚至几百倍,加上其他种种技术上的问题,使惯性约束核聚变仍是可望而不可及的。

尽管实现受控热核聚变仍有漫长艰难的路程需要我们征服,但其美好前景的巨大诱惑力,正吸引着各国科学家在奋力攀登。

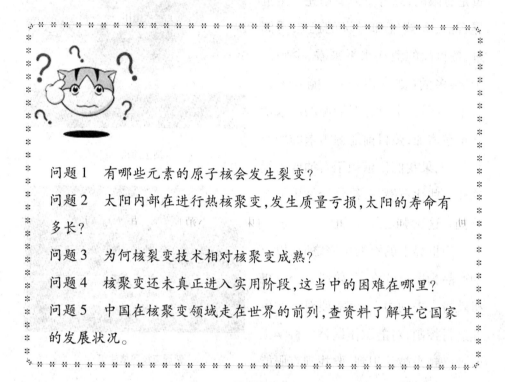

问题1　有哪些元素的原子核会发生裂变?

问题2　太阳内部在进行热核聚变,发生质量亏损,太阳的寿命有多长?

问题3　为何核裂变技术相对核聚变成熟?

问题4　核聚变还未真正进入实用阶段,这当中的困难在哪里?

问题5　中国在核聚变领域走在世界的前列,查资料了解其它国家的发展状况。

肩负使命的核能

目前的世界面临着三个相互联系的主要问题:自然资源短缺(主要指能源、粮食和水)、人口增长迅速、环境污染生态破坏。而严重的问题是潜在的能源短缺,因为能源是满足人类一切物质需要的基础,是衣、食、住、行和娱乐的基本保障。全球性能源短缺,石油价格不断攀升,正在迫使世界各国寻找新的能源途径,其中核能利用是许多国家高度重视的领域。

化石燃料面临枯竭

我们知道,世界上有机燃料的储量是有限的,总有一天要用完。全世界石油、天然气和煤炭的已探明储量,按目前的消耗水平来看,少则几十年,多的(如煤炭)也只能开采几百年。而且,全世界对能源的需求量逐年在增加,照目前能源需求的增长势头,如果我们仅依赖于石油或煤炭这样一些化石燃料,终将会发生能源危机。这决非是危言耸听。

海上油田

当世界上的石油用完之时,以石油产品为燃料的汽车、轮船、火车、飞机就将失去动力,这就需要对运输事业进行控制,对能源作调整。科学工作者已越来越认识到,要找到克服能

新疆克拉玛依油田

源短缺的出路,核能可以为人类解脱困境。

1970 年,石油在世界能耗中的比重已达 43%(煤只占 35%)。1979 年石油生产的比重又进一步上升到 49.1%。况且,石油还是一种十分重要的化工原料,用石油来制造化工产品,如化肥、农药、医药、润滑剂、塑料、合成纤维、合成橡胶等,其价值比用作能源的要高得多。

因此,由于石油储量有限,并且越来越多地转作化工原料,在世界能源消耗不断增加的形势下,不久的将来,石油就无法挑起世界能源主要支柱的重担,在能源中将处于越来越次要的地位。

石油、天然气

石油是产于岩石中以碳氢化合物为主要成份的油状粘稠液体。未经提炼的天然石油称为原油，其中含碳 84 – 87%，含氢 12 – 14%，剩下的 1 – 2% 为硫、氧、氮、磷、钒等元素。

天然气是一种蕴藏在地层内的天然气体燃料。它的成因和石油相似，但它分布的范围要比石油广得多。即使在较低温度条件下，地层中的有机物也能在细菌的作用下形成天然气。有的天然气蕴藏在不含石油的岩层里；有的和石油贮存在一起。钻探石油时发生的井喷，就是由于地层中的天然气在高压下向外喷发的缘故。

物质科学A

煤也救不了石油的命

作为石油的姊妹能源，煤也有类似的问题存在，其储量虽比石油丰富，然而也相当有限，它也是无法再生的化工原料，人类必须加以珍惜，不要让它付之一炬，白白浪费。而且煤不比石油，它的开采成本高，燃烧效率低，燃煤所造成的污染问题又严重。所以煤作为能源的衰落周期尽管会长一些，但也必将步石油的后尘。

煤矿工人正在操作

山西平朔露天煤矿

物质科学A

煤炭的形成

煤是可以燃烧的含有机质的岩石。它的化学组成主要是碳、氢、氧、氮等几种元素。此外，还可能含有硫、磷、砷、氯、汞、氟等有害成分以及锗、镓、铀、钒等有用元素。煤是古代植物深埋地下，在一定的温度和压力的条件下，经历漫长的时代和复杂的化学变化而形成的。

问题1 煤、石油是当前世界的主要能源，查资料了解它们在地球上分布情况及储量。

问题2 化石能源的有限储量，人类面临能源危机，有法可救吗？

问题3 对我国的某些地区出现夏天限电现象，你怎么看这问题？

问题4 大力发展核能能解决能源危机吗？

问题5 做个小宣传员，宣传节能的必要性。

梦想成真

能源(主要是占总量80%的化石能源)的利用所造成的日益严重的环境污染,已经和正在给人类带来许多麻烦。目前全世界每年向大气中排放几十亿吨甚至几百亿吨 的 CO_2、SO_2、粉尘及其他有害气体,这些排放物都主要与能源的利用有关。它给人类带来的后果是:由于 CO_2 等所产生的

"温室效应"使地球变暖,全球性气候异常,海平面上升,自然灾害增多;随着 SO2 等排放量增加,酸雨越来越严重,使生态遭破坏,农业减产;氯氟烃类化合物的排放使大气臭氧层遭破坏,加之大量粉尘的排放,使癌症发病率增加,严重威胁人类健康。

有关研究报告指出,我国排入大气的烟尘 90% 的 SO2 和 85% 的 CO2 均来自燃煤。因此,煤炭直接燃烧是我国大气污染的主要原因。

温室效应

目前的环境污染问题大部分是因使用化石燃料引起的,由二氧化碳等造成的温室效应以及二氧化碳和氮氧化物等造成的酸雨正在全球范围内破坏人类赖以生存的生态环境。

温室效应:燃烧化石燃料产生的二氧化碳气体使地表辐射的热量留在了大气层内,起到类似暖房的玻璃罩或塑料大棚的作

为了获取电力造成严重的空气污染

大气污染破坏了臭氧层

臭氧层阻挡太阳紫外线

物质科学 A

用,提高了地球表面的温度。

温室效应会导致:地球气温上升,地球两极冰块融化、海洋水位上升,四季气候变化失衡。

酸 雨

酸雨是燃烧煤炭等化石燃料排放出来的二氧化碳经过氧化反应后产生的酸性沉降物。

酸雨会导致:河流和湖水受污染,植物生长减慢或死亡,建筑物结构受侵蚀。

事实证明用核电站代替火电站,能大大改善环境质量,核电站是人类的朋友,也是环境的朋友。

温室效应

酸 雨

酸雨造成石柱大面积侵蚀

SO_2 的污染

二氧化硫是污染大气的主要有害物质之一。它对人体的直接危害是引起呼吸道疾病,严重时还会使人死亡。空气中的二氧化硫会部分被氧化成三氧化硫并形成酸雾。空气中硫的氧化物和氮的氧化物随雨水降下就成为酸雨。正常雨水的 pH 约为 5.6(这是由于溶解了二氧化碳的缘故),酸雨的 pH 小于 5.6。

酸雨有很大的危害,它落到地面,能直接破坏森林、草原和农作物,使土壤酸性增强。酸雨还会使湖泊酸化,造成鱼类等死亡。另外,酸雨还会加速建筑物、桥梁、工业设备,以及电信电缆等所用的许多材料的腐蚀。

空气中的二氧化硫主要来自化石燃料的燃烧,以及含硫矿石的冶炼和硫酸、磷肥、纸浆生产等产生的工业废气。因此,这些废气必须经过处理后才能向大气中排放,如不进行净化处理或回收利用就直接排放到空气中,不但浪费硫资源,而且造成空气的污染,给人类造成危害。

物质科学 A

酸 雨

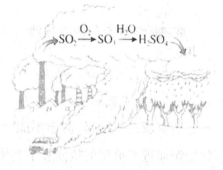

二氧化硫对环境的污染

酸雨对树木的破坏

制取 SO_2 实验

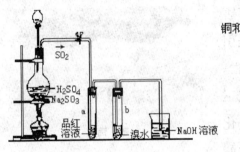

二氧化硫的制取1

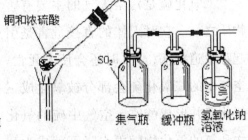

二氧化硫的制取2

变脏的地球与干净的核能

未来人类对能源的要求:一是有足够满足人类生存和发展所需要的储量,二是不会造成影响人类生存的环境污染。当今煤、石油和天然气等矿石燃料资源日益枯竭,甚至不能维持几十年。因此,必须寻找可持续的替代能源而近半世纪的核能和平利用,已使核能成为新能源家属中迄今为止能替代有限矿石燃料的唯一现实的大规模能源。而且,未来如能实现核能的彻底利用,人类的能源将是无穷的。

现在利用的能源已造成了大量的环境污染问题,严重影响了人类的生存。相对其它化能源而言,核能的和平利用已充分证明了核能是清洁的能源之一。

地球能源的储量估计:

煤炭:~200 年

石油、天然气:~50 年

核能:无穷多

用作能源的核反应,目前主要有重

浙江秦山核电站

元素原子核（铀－235、铀－233、钚－239、钍）的裂变反应和轻元素（氘、氚）原子核的聚变反应两大类。核裂变是1942年首次点火实现的，可控核聚变许多国家正在紧张的研究之中，至今尚未实现。所以说，可控核聚变被认为属于下一世纪的能源。

核能——无穷的能源

核能是来自于地壳中储存的铀、钍等发生裂变反应时的核裂变能资源，以及海洋中贮藏的氘、氚、锂等发生聚变反应时的核聚变能资源，这些物质在发生原子核反应时释放出能量。目前核能最大的用途是发电。此外，还可以用作其它类型的动力源、热源等。

易裂变核素：易发生裂变的原子只有铀－235（U235）、钚－239（Pu239）、铀－233（U233）三种。而天然存在的易裂变元素只有铀－235，钚－239可由铀－238生成，铀－233可由钍－232（Th232）生成。

作为发展核裂变能的主要原料之一的铀，世界上已探明的铀储量约490万吨，钍储量约275万吨。如果利用得好，可用2400～2800年。天然铀中占99.3%为难裂变的铀－238，仅有0.714%为易裂变的铀－235。铀－238可通过吸收一个中子变成易裂变的钚－239。

易聚变核反应：氘（D2）－氚（D3）反应。氘和氚都是氢原子的同位素。氘天然存在，而氚极少，必须由人工生成（如由锂制造）。

聚变反应主要来源于氘－氚的核反应，氘来可大量自海水，氚可来自锂。因此聚变燃料主要是氘和锂，海水中氘的含量为0.03克/升，据估计地球上的海水量约为138亿亿米3，所以世界上氘的储量约40亿万吨；地球上的锂储量虽比氘少得多，也有2000多亿吨，用它来制造氚，足够满足人类对聚变能的需求。这些聚变燃料所释放的能量比全世界现有能源总量放出的能量大千万倍。按目前世界能源

物质科学A

消费的水平,地球上可供原子核聚变的氘和氚,能供人类使用上千亿年。如果人类实现了氘－氚的可控核聚变,核燃料就可谓"取之不尽,用之不竭了",人类就将从根本上解决能源问题,这正是当前核科学家们孜孜以求的所以。聚变能源不仅丰富,而且安全、清洁。聚变产生的放射性比裂变小的多。

目前人类能正在用于和平利用的只有裂变能,可控聚变能利用技术正在攻克。

问题1　化石能源的利用给人类环境带来哪些污染?

问题2　现在环境的恶化与化石能源的利用有关系。请查阅相关资料。

问题3　查资料了解温室效应。

问题4　核能是清洁的能源,核能的利用受哪些条件的制约?

问题5　可控核聚变认为是属于21世纪的能源,为何这样说?

中国人与核研究

中国核物理泰斗——王淦昌

1930年，一个细雨霏霏的日子，23岁的王淦昌离开上海，去德国学习物理。到了柏林大学，王淦昌从师于被爱因斯坦称为"我们的居里夫人"的犹太籍女物理学家梅特纳。于是，在柏林郊外的达列姆小镇，在柏林大学威廉皇帝化学研究所放射物理研究室，在学校的物理讨论会上，常可以看到一个中国留学生孜孜不倦的身影。

王淦昌在德国留学的四年里，正是现代物理学史上的黄金时代，这一时期量子力学取得了巨大成就，原子物理学和粒子物理学迅猛发展，电子、正电子、人工放射性相继发现。这些进展在德国物理学界引起强烈反响。

1934年4月，王淦昌带着一颗爱国之心回到了灾难深重的祖国，他先后在山东大学、浙江大学任物理学教授。当浙江大学撤迁到大西南以后，他还为学校开设了一门大学里从来没有的课

王淦昌

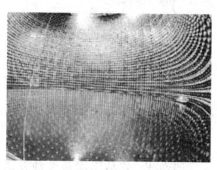

日本在神冈町建立的地下中微子探测装置

物质科学A

程——军用物理,以便为抗日服务。

　　1941年,贵州一座山镇,在一间只有十多平方米的简陋平房里,在微弱的菜油灯下,王淦昌和他的同行、学生热烈地讨论着,艰难地进行探索。他们设想了用观察原子K俘获过程中的核反冲方法来验证基本粒子家庭中最神奇的中微子存在的方案,为解决"中微子假设"这一世界核物理领域里的著名难题迈出了第一步。但是,在那国破家亡的年代里,他根本没有条件来进行自己所设想的实验。

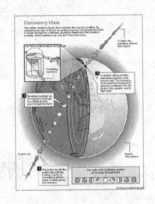

中微子可轻松穿透地球

他只好把自己的设想写成论文,寄往美国,在《物理评论》上发表。仅仅过了半年,美国科学家阿伦就根据他提出的这个方案,确切地证实了中微子的存在。这一重大发现,成为1942年世界物理学的重要成就之一。中国人王淦昌的名字也因此写进了世界性的原子核理论教科书。

加拿大在安大略建立的中微子观测台

问题1　查资料更深入地了解核物理泰斗——王淦昌。

问题2　你对中微子有多少了解?

问题3　何谓反物质?

问题4　你从王淦昌大师身上看到中国人有哪些优秀的品质?

敲开原子能科学大门的人——钱三强

在法国留学期间,钱三强在巴黎大学镭学研究所居里实验室和法兰西学院原子核化学实验室从事原子核物理的研究工作。这期间,钱三强在原子核物理学领域中做出了很多成就。

首先,他与约里奥·居里合作,用中子打击铀和钍得到放射性的镧同位素,从它们的 β 射线能谱证明它们是同一种同位素。这对解释当时发现不久的核裂变现象是有力的支持。

钱三强夫妇

他还首次从理论和实验上确定了 50000 电子伏特以下的中低能电子的射程与能量的关系。并且与布依西爱和巴什莱合作,首次测出了镁的 α 射线的精细结构,并与电子内转换的 γ 谱线符合得很好。

他最大的成就是与妻子何泽慧、两个法国研究生沙士戴勒和微聂隆合作,发现了铀的三分裂和四分裂现象。这

钱学森

个发现使他们异常兴奋,但他们并没有立即发表,因为当时科学家们一致认为原子核分裂只有二分裂的可能。钱三强根据实验继续分析研究,最终得出了能量与角分布等的关系,对三分裂现象从实验与理论两方面作出了全面的论述。

经过十几年的考验,这一发现已得到公认,尤其是到 50 年代获得新的实验手段后,从第二裂片的同位素质量谱、射程、发射角度等都说明他的解

物质科学A

释与实验证据以及电子计算机计算结果相符合。这一发现被人们认为是第二次世界大战后居里实验室和法兰西学院原子核化学实验室第一个重要成果。

在钱三强要返回祖国时，约里奥·居里夫妇送给他一份鉴定书，上面写着：十年期间，在那些到我们实验室来由我们指导工作的同代人中，钱三强最优秀，我们这样说，并不言过其实。

钱三强回国后培养了一批从事研究原子核科学的人才，并且建立起中国研究原子核科学的基地。从 1955 年起，他参加了原子能事业的建立和组织工作，将近代物理研究所改良为原子能研究所，领导并促进了这一事业的发展以及有关科技工作的开展，对中国科学院和中国原子能事业的建设、计划和学术领导都作出了贡献。

1948 年夏，钱三强与何泽慧携刚足半岁的长女一同回国，他们铭记伊伦·居里"为科学服务，科学为人民服务"的赠言，到北平后，接受清华大学理学院院长叶企孙和周培源教授的邀请，任清华大学物理系教授。同时与何泽

"两弹元勋"邓稼先

为表彰朱光亚对中国科技事业特别是原子能科技事业发展做出的杰出贡献，国际小行星中心和国际小行星命名委员会批准将中国紫金山天文台发现的、国际编号为 10388 号小行星正式命名为"朱光亚星"。

慧、彭桓武积极组建北平研究院原子学研究所,并任所长。

新中国成立后,钱三强积极参加了中国科学院的组建和调整工作,先后主持中国科学院计划局和近代物理研究所的工作。

1955年1月15日,经过周恩来总理事先组织与安排,毛泽东主席主持召开中央书记处扩大会议,听取了钱三强、李四光等关于原子核科学工作和铀矿资源情况的汇报,决定大力发展我国的原子能事业。

1956年,国家成立主管原子能工作的工业部(即第二机械工业部,后称核工业部),钱三强为副部长之一,兼任中国科学院副秘书长。1958年,中国科学院近代物理所改名为原子能研究所(即今中国原子能科学研究院),实行第二机械工业部与中国科学院双重领导,钱三强仍任所长,很好地实现了院与部的协作。

钱三强先后选派和推荐优秀科技专家(如王淦昌、彭桓武、郭永怀、朱光亚、邓稼先、周光召、于敏、黄祖洽、陈能宽、胡仁宇等)到二机部有关院、所、厂负起科技领导责任,在铀矿评价、采选、铀化学化工、铀同位素分离、扩散分离膜的研制及高效炸药等方面组织联合攻关,使许多关键问题得到解决。终于在1964年10月16日爆炸成功我国第一颗原子弹。因此,我国的第一颗源子弹完全是自己设计、自己制造、独立完成的。

问题1　查阅有关钱三强的资料。

问题2　查阅有关邓稼先的资料。

问题3　查阅有关朱光亚的资料。

问题4　中国为何在建国初期就要发展核事业?

问题5　中国的第一颗原子弹爆炸成功,在当时有什么重大历史意义?

谁不想进入核领域呢

80年代,我国陆续建设了三大高能物理研究装置——北京正负电子对撞机、兰州重离子加速器和合肥同步辐射装置。为什么国家要花费如此巨资,建设这三大高能物理研究装置呢?

高能物理研究装置

随着科学技术的发展,人类对物质结构的认识是从一开始看到身边的各种物质逐渐发展到借助放大镜、显微镜、直到后来的粒子加速器、电子对撞机等,逐步深入到细胞、分子、原子和原子核深层次,每深入一步都会带来巨大的社会效益和经济效益。原子核及其核外电子的发现,带动了无线电、半导体、电视、雷达、激光、X光的发展,而近几十年对原子核的研究,则为原子能的利用奠定了理论基础。

要想了解物质的微观结构,首先要把它打碎。粒子加速器就是用高速粒子去"打碎"被测物质,让正负电子在运动中相撞,可以使物质的微观结构产生最大程度的变化,进而使我们了解物质的基本性质。

北京正负电子对撞机

北京正负电子对撞机是一台可以使正、负两个电子束在同一个环里沿着相反的方向加速,并在指定的地点发生对头碰撞的高能物理实验装置。由于磁场的作用,正负电子进入环后,在电子计算机控制下,沿指定轨道运动,在

正负电子对撞机

环内指定区域产生对撞,从而发生高能反应。然后用一台大型粒了探测器,分辨对撞后产生的带电粒千及其衍变产物,把取出的电子信号输人计算机进行处理。它始建于 1984 年 10 月 7 日,1988 年 10 月建成,包括正负电子对撞机、北京谱仪(大型粒子探测器)和北京同步辐射装置。

北京正负电子对撞机的建成,为我国粒子物理和同步辐射应用研究开辟了广阔的前景。它的主要性能指标达到 80 年代国际先进水平,一些性能指标迄今仍然是国际同类装置的最好水平。

兰州重离子加速器

兰州重离子加速器是我国自行研制的第一台重离子加速器,同时也是我国到目前为止能量最高、可加速的粒子种类最多、规模最大的重离子加速器,是世界上继法国、日本之后的第三台同类大型回旋加速器,1989 年 11 月投入正式运行,主要指标达到国际先进水平。

重离子加速器

中科院近代物理研究所的科研人员以创新的物理思想,利用这台加速器成功地合成和研究了 10 余种新核素。

合肥同步辐射装置

合肥同步辐射装置主要研究粒子加速器后光谱的结构和变化,从而推知这些粒子的基本性质。它始建于 1984 年 4 月,1989 年 4 月 26 日正式建成,迄今已建成 5 个实验站,接待了大量国内

科大向社会开放国家同步辐射室验室

物质科学 A

外用户,取得了一批有价值的成果。

中国科学技术大学同步辐射加速器实验室 1989 年 4 月提前建成并调试出束。

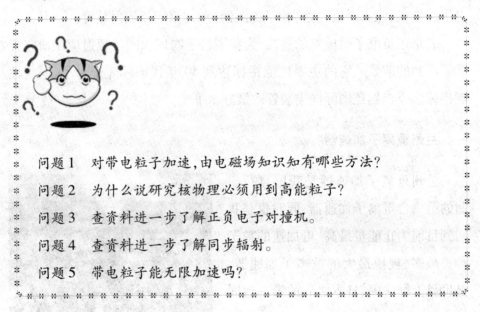

问题1 对带电粒子加速,由电磁场知识知有哪些方法?

问题2 为什么说研究核物理必须用到高能粒子?

问题3 查资料进一步了解正负电子对撞机。

问题4 查资料进一步了解同步辐射。

问题5 带电粒子能无限加速吗?

中国核武器大事记

我国用了短短 4 年时间完成了原子弹的研制工作,并于 1964 年 10 月 16 日成功地爆炸了第一颗原子弹。

1967 年 6 月 17 日又成功地爆炸了第一颗氢弹,完成了其他国家要十几年或几十年才完成的工作。

核武发展蛰伏期:1946 - 1953 年

1946 年,中国安全部门负责人康生倡导招募海外华裔科学家,特别是火箭和核能方面的专家。

1949 年 10 月 1 日,中华人民共和国成立。

1950 年 6 月 25 日,朝鲜战争爆发。恼羞成怒的美国多次威胁要对华动用核武。

1951 年,中苏开始联合在新疆进行铀矿勘探。1953 年,中国原子能委员会在中国科学院正式成立。1 月,由核科学家钱三强率领的中国科学家代表团访问莫斯科。7 月,朝鲜战争结束。

中国第一颗原子弹爆炸

伟人:毛泽东

核武急速发展期:1955 – 1965 年

1955 年 1 月 4 日,莫斯科宣布将按照协定提供给中国核裂变材料。

1 月 15 日毛泽东主持中共中央书记处扩大会议,会议决定发展战略武器。

9 月,加州理工学院培养的火箭专家钱学森和 150 名旅居欧美的华裔科学家返华服务。

1956 年,中国从苏联得到 2 枚仿德制 R – 1 型火箭。3 月 14 日,钱学森向中央军委提交了【建立我国国防航空工业的建议书】并在与会上讨论通过。5月26日,毛泽东在"论十大关系"的讲话中提出了要发展原子弹的目标;航空航天部的前身——弹道导弹研究院及原子能研究设计院成立,钱学森任导弹研究院院长。

1967年5月26日中国对对地中程导弹发射成功

1956年十月十七日,中央批准聂荣臻的"自力更生为主,力争外援和利用资本主义国家已有的科学成果"导弹研究战略。

1957年,苏联赠送给中方2枚更先进的R－2型导弹。其中一枚留作研究,一枚进行仿制。10月15日,聂帅在"中苏核技术合作协定"上签字。

1958年初,中共中央军事委员会为国防科学技术委员会提出"发展核武器的指导方针",同年,中国开始对R－2进行仿制,即东风－1。三月三日,中央书记处批准在中国西北地区建立导弹试验靶场,在辽西建立海上导弹试验靶场。

中国第一枚导弹—东风1号

1959年6月20日,苏联单方面撕毁同北京签订的核技术合作协定,开始取消对中国的技术援助,到1960年完全停止了援助。

1960年11月5日,由中国仿制苏联的东风－1短程弹道导弹首次进行了成功的试射。

1964 年 6 月 29 日,中程弹道导弹东风－2 试射成功。10 月 16 日 15 时(北京时间),中国第一颗原子弹在新疆罗布泊爆炸成功,中国从此成为核俱乐部的第五个成员。同日,中华人民共和国政府发表声明,10 月 17 日国务院总理周恩来致电世界各国政府首脑,阐明中国对于核武器问题的立场:中国政府一贯主张全面禁止和彻底销毁核武器,中国进行核试验、发展核武器,是被迫而为的。中国掌握核武器,完全是为了防御,为了保卫中国人民免受核威

中程弹道导弹东风—2

胁。中国政府郑重宣布,在任何时候,任何情况下,中国都不会首先使用核武器。

1965 年,东风－2 制导系统完成升级工作,改进后的导引系统采以电解积分仪为核心的全惯性制导。同年,中国展开东风－3 的设计工作。

文革滞后期:1965－1976 年

1965 年 3 月,中央军委做出研制洲际弹道导弹的决定,当时经论证确定为液体洲际导弹。5 月,东风－4 的设计工作正式开始,东风－5 的项目可能同时上马。5 月 14 日,一架装有原子弹的轰炸机从西北某机场起飞,飞临试验场上空,飞行员按照预定成功地实现了空爆。这是中国进行的第二次原子弹爆炸试验。11 月,东风－2A 增程型弹道导弹

东风 3 号导弹

物质科学 A

发射试验成功。

1966 年,中国首次部署东风－2 中程弹道导弹。10 月,首枚直径为 1,400 毫米的固体火箭发动机试车成功。10 月 27 日,长达 10 年的文化大革命开始。中国唯一一次携核弹头实弹发射试验在甘肃双子成基地取得成功,一枚 2 万当量装药的东风－2 导弹在 900 公里外新疆罗布泊核试验场上空预定高度爆炸。12 月 26 日,东风－3 进行了首次试射。

1967 年 3 月,以周恩来总理为首的中央专委命令七机部立即展开具有二级固体火箭的巨浪－1 的研制工作。1967 年 3 月 2 日,周总理批准在东北地区建设中远程地地导弹试验场。6 月 17 日,中国第一颗氢弹爆炸成功。7 月 1 日,中国战略导弹部队在北京正式成立,周恩来亲自命名为"第二炮兵"。

推进剂:两级硝酸和偏二甲基液体燃料
射程:4,000 公里;4,750 公里(DF－4A)
弹长:28 米
弹径:2.25 米
弹重:82 吨
弹头:一枚 2,200 公斤的 300 万吨级当量热核弹头。另有指出 DF－4 可能装有集束或分导弹头。
制导:捷联式全补偿惯性制导

1970 年 1 月 30 日,东风－4 中远程弹道导弹发射试验成功。5 月,正式部署东风－2A。4 月 14 日,由东风－4 衍生的"长征－1"型运载火箭将中国第一枚人造卫星"东方红－1"号射入近地轨道。12 月 26 日,中国自行研制的核动力潜艇下水。

1971 年 5 月,东风－3 开始服役。11 月 15 日,东风－4 弹道导弹全程飞行试验成功。1974

东风 5 号导弹

年,中国建立了战略导弹作战指挥体系。

1975 年 5 月,中央决定抓紧东风 – 5 洲际导弹的研制,同时积极进行潜射弹道导弹的研制。8 月 4 日,东风 – 3 战略核导弹定型生产。11 月 26 日,长征 – 2 运载火箭首次发射返回式遥感卫星(侦察卫星),该卫星在 3 天后按预定指令返回地面。

物质科学 A

核武研制恢复期:1976 – 1986 年

1976 年 1 月 23 日,2,000 吨级核弹头试验,从此实现了核弹头小型化。10 月,文革结束。11 月 27 日,发射一枚限程洲际导弹,载有一枚 400 万当量的核弹头。12 月 7 日,用试验型的全程洲际导弹发射第七颗卫星。

1977 年 12 月,国务院和中央军委下达"关于加速我军武器装备现代化的决定"。决定指出将以发展常规武器装备为主,有重点的发展导弹核武器。

1978 年,邓小平提出"以战略导弹打游击"的思想,直接导致了东风 – 21 的产生。10 月 14 日,中国首次进行地下核试爆。

东风 21 地地导弹

1980 年,中国首次部署东风 – 4 型中远程弹道导弹。5 月 18 日,东风 – 5 洲际导弹自甘肃酒泉基地向南太平洋作全程试射成功。

东风 31 导弹

物质科学 A

1981 年初,夏级核动力弹道导弹潜艇下水。同年,中国开始"试验性"部署 2 个东风－5 陆基发射井。9 月 21 日,"风暴－1"型运载火箭一箭三星成功,向世人显示多弹头分导式重返大气层载具的能力。

东风 41 洲际导弹

1982 年 10 月 12 日,中国用一艘苏制 Golf 级常规动力潜艇,水下发射巨浪－1 潜射弹道导弹成功。

1983 年,巨浪－1 潜射弹道导弹开始服役。1980 年末,巨浪－1 完成增程任务,射程从 2,000 公里增加到 3,000 公里。1984 年,二炮正式承担起战略值班的神圣职责。4 月 8 日,长征－3 发射地球静止轨道通信卫星成功。10 月 1 日,在 35 周年国庆阅兵式上,二炮首次向世人公开亮相。

1985 年 5 月 20 日,东风－21 试射成功。9 月 28 日,第一次潜射巡航导弹试验。10 月 15 日,人民解放军首次从夏级发射巨浪－1,因未成功,故未广泛报道。据西方情报机构的披露,9、10 月前后中国共进行了四次巨浪－1 试射,均告失败,其中一艘夏级核潜艇在发射中被全毁。12 月,据信,东风－3 的增程工作告一段落(1981－1985),导弹射程从 2,700 公里增加到 3,500 公里以上。

体制改革跃进期:1986－至今

1986 年,用东风－4 弹道导弹进行多弹头分导式重返大气层的第一次试验。同年,东风－31/41/JL－2 的研制工作正式展开。3 月 21 日,中国对外宣布不再进行大气层核试验。10 月 11 日,第八次回收侦察卫星。12 月 16 日,东风 – 5 洲际导弹设计定型。

1987 年,中国向沙特阿拉伯秘密输出了 36 枚东风 – 3 战略导弹,此举震惊全球,尤其使那些曾对中国战略导弹生产能力质疑的西方核武专家跌破了眼镜。6 月 5 日,第 33 次地下核爆,当量为 20 万吨级。

1988 年 4 月,中国访问学者从美国劳伦斯实验室回国,使得几项中子弹技术获得了突破。9 月 7 日,长征 – 4A 运载火箭向太阳同步轨道发射"风云 – 1"号气象卫星。9 月 27 日,中国人民解放军首次从夏级潜艇上发射了巨浪 – 1 型弹道导弹,此枚导弹落在了半径为 65 公里的目标区内,其中心为北纬 123。53 度,东经 28。13 度。巨浪 – 1 导弹设计定型。9 月 28 日,中国进行了第 34 次地下核爆,当量仅为 1 ~ 20 千吨,美国率先报道中国刚刚试爆了一枚中子弹。90 年中情局参院听政会上承认中国掌握了从劳伦斯实验室(Lawrence Livermore Lab)带走的技术机密。同年,M – 9 战术弹道导弹定型生产并对外出口。

1989 年 8 月,东风 – 21 固体燃料弹道导弹以机动方式发射成功。1990 年 5 月 26 日,第 35 次核爆(地下),当量为 40 千吨。8 月 16 日,第 36 次核爆(地下),当量为 50 – 200 千吨。

1992 年,M – 11 战术弹道导弹定型生产并出口。3 月 9 日,中国签署反核子扩散条约,成为该条约第 174 个会员国。5 月 21 日,第 37 次核爆(地下),此次核爆威力巨大,当量测得为 1,000 – 2,000 千吨。

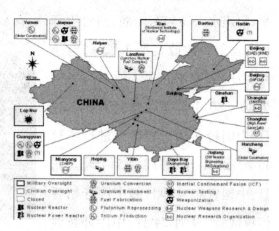

中国核武器分布图

物质科学 A

中国向巴基斯坦出口的 M11 导弹

9月25日,第38次核爆(地下),当量为 1-20 千吨。

1993 年 10 月 5 日,第 39 次核爆(地下),当量为 80-90 千吨。

1994 年 6 月 10 日,第 40 次核爆(地下),当量为 10-40 千吨。10 月 7 日,第 41 次核爆(地下),当量为 40-150 千吨。

1995 年,中国可装载战术核武器的歼轰-7 进入预量产,并开始装备部队。5 月 15 日,第 42 次核爆(地下),当量为 40-150 千吨。5 月 29 日,美、日国防部同时传出消息,中国的新型东风-31 洲际导弹从山西太原向新疆库尔勒地区成功地进行了首次高弹道的试射。8 月 17 日,第 43 次核爆(地下),当量为 20-80 千吨。

1996 年,东风-31 洲际导弹研制成功。3 月 8 日及 13 日,江西乐平、福建永兴岛与东山岛,向台湾海域各发射 2 枚改良型东风-15。6 月 8 日,第 44 次核爆(地下),当量为 20-80 千吨黄色炸药。7 月 29 日,中国抢在禁止核试前进行了第 45 次核爆,当量为 1-5 千吨。同日,中国宣布从即日起中国开始暂停核试验。9 月 24 日,中国外长钱其琛在纽约联合国总部,和美、俄、

中国国产导弹 TV 导引头

法、英等60多个国家联合签署了"全面禁止核试验条约"。

1999年8月2日,中国对外宣布试射"新型远程导弹"成功。

问题1 中国人能在短短几年时间内研制出原子弹与氢弹,你从中学到什么?

问题2 查资料了解钱学森。

问题3 世界上有哪些国家拥有核武器?

问题4 导弹发射用到哪些物理知识?请查阅相关资料。

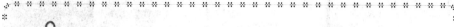

周恩来下令修改核试照片

摄影家忆核试验:受命裁掉"蘑菇云"地面部分

2006年6月5日至8日,中国科学院第十三次院士大会和中国工程院第八次院士大会在北京召开。著名军事摄影家孟昭瑞老人一边听着会议广播,一边回忆起当年两弹一星的研制,"创新思想一脉相承,两弹一星就是最高的创新,史无前例。周恩来总理当年亲抓国防尖端科技事业,呕心沥血。"孟老从一封40年前的批件亲身感受到总理对科技事业的热忱。

物质科学A

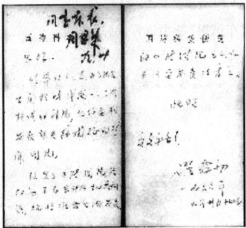

周总理同意发表核试验图片的批示。

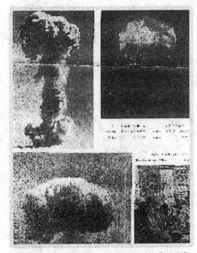

1966年10月1日，《人民日报》刊发我国三次核试验成功照片。资料图片

我国第一颗原子弹爆炸成功后，周恩来、贺龙和聂荣臻在听张爱萍（右一）振奋人心的介绍。

1966年10月27日，钱学森（右一）、聂荣臻（右二）、李福泽（右三）在基地参观导弹核武器试验。

一封珍贵的批件及公开三次核试验照片

配合纪录片上映，国防科委请示总理

　　20世纪60年代，我国完全是独立自主发展尖端科技。1964年至1966年，我国自行完成了3次核试验，孟昭瑞作为当时少有的军事摄影记者，是唯一一个全程参与3次核试验拍摄的新闻工作者。1964年10月16日，他拍下的我国第一次核试验照片，经过严格审查，在十几天后得以发表，这就是那张著名的蘑菇云照片。而1966年10月1日之前，1965年的第二次与

1966 年的第三次核试验照片一直未问世。

1966 年,八一电影制片厂摄制完成了记录我国 3 次核试验成功的彩色纪录片《毛泽东思想的伟大胜利》,该片定于当年 10 月 1 日在北京、上海、天津等城市上映,并陆续在全国各地放映。新华社摄影部提议该纪录片上映前,可在《人民日报》上配发 3 次核试验的照片。新华社为此请示国防科委,国防科委副主任罗舜初同志以及有关业务人员专门开会讨论,孟昭瑞带去了 3 次核试验中他拍摄的烟云、火球等多幅照片。会上,他详细汇报了拍摄状况,会议结束时选出了 4 幅。

1966 年 9 月 30 日下午 5 时,罗舜初同志给周总理写了一个请示,内容为:

总理:新华社提出,为了配合公开放映我国一二三次核试的影片,它们要求发表有关核试验的新闻图片。现选了四张图片,经研究不存在什么机密问题。现将准备公开发表的四张图片呈上,是否须要发表请审定。此致,敬礼!

周总理批示:同意发表

为保密,一张蘑菇云图片裁掉了地面部分

当天晚上 7 时,孟昭瑞就接到总理办公室的电话,总理军事秘书周家鼎通知他,立即到中南海西门取总理的批件。在中南海西花厅总理办公室,孟昭瑞看到周总理已用毛笔在请示上写下"同意发表。周恩来,九.卅"。周秘书将批件交给他时嘱咐:"赶紧发吧,总理同意了。"晚些时候,新华社摄影部的发稿编辑从孟昭瑞手中借走了 4 幅照片的底片。第二天,也就是 10 月 1 日,这 4 幅照片出现在当日的《人民日报》上。

为了保密起见,报上那幅 1966 年第三次核试验的蘑菇云图并不完整,下面的地面部分被通通删去,因为它可能透露蘑菇云升空的高度。

　　40 年前的这封批件,孟老珍藏至今,纸上罗舜初同志的铅笔字还是那么清晰。回忆起当年的情景,孟老感慨万千,他真没想到总理这么快就把它批下来,而且工作如此认真细致,这么一件事,他也要亲自写批示。但也正是这样的精神,新中国才得以用举世罕见的速度完成了两弹一星的研制。

核试验·保密

● 原子弹试验 邓颖超不知

　　总理呕心沥血地抓两弹一星工作体现在方方面面。孟老说,张爱萍将军曾讲过这样一件事。1964 年我国第一颗原子弹爆炸成功后,他在总理家中汇报工作。汇报完后,邓颖超同志埋怨说,"你们说了好长时间的事原来就是原子弹试验,怎么之前连我也不告诉?"张将军笑着说,"总理说这项工作要保密,我也不敢违反纪律呀。"

　　这件事对孟老影响很大,"总理带头做保密工作,是我们的榜样。后来我在实验场两次看到氢弹的当量是 300 万吨,但这个数字公开之前,不管谁问我是多少,我都没说过。"

一句自信的誓言

● 自己动手,从头摸起

1960 年我国初生的核工业面临被扼杀的危险

　　"总理是亲自抓国防尖端科技事业,为研制两弹一星,国家成立了以总理为主任的中央专门委员会。我认为,没有他,新中国就不会在短期内研制出原子弹、氢弹,即使处于文化大革命中,中国还成功制造了第一颗人造卫星以及导弹核武器等尖端科技。"采访中,孟老几次满怀激情地提到。

早在 1956 年 4 月,毛泽东在《论十大关系》一文中就指出:"我们有了一定的国防力量……还要有原子弹。在今天的世界上,我们要不受人家欺负,就不能没有这个东西。"同年 1 月和 11 月,在中共中央召开的关于知识分子问题会议和八届二中全会上,周恩来也阐明了这一问题。

此后几年,在苏联的援助下,我国原子能工业有了初步发展,但 1960 年,苏联单方面撕毁所有中、苏经济技术合同,撤走全部在核工业系统工作的技术专家,带走重要资料,使我国初生的核工业面临被扼杀的危险。周总理说:"自己动手,从头摸起,准备用 8 年的时间搞出原子弹来。"1962 年 11 月,中央成立了以周恩来为首的 15 人专门委员会,形成了一个强有力的领导指挥机构。从此,原子能工业建设和核武器研制的步伐大大加快。

一位尽职的调度

● 亲自询问每次试验

中央专委会成立两年后,第一颗原子弹成功爆炸。

在中央专委会成立后的半个月时间里,周恩来连续主持召开了 3 次中央专委会会议,用最快的时间解决了抽调干部组建工作班子、确定中国核工业的主攻方向、配调和进口技术设备以及制定出《1963 年、1964 年原子武器工业建设、生产计划大纲》。"先抓原子弹"是周恩来提出的重大战略决策。在中央专委会成立后的半年时间内,我国原子能工业各条战线迅速形成了一支能打硬仗的队伍,集中了包括邓稼先、钱学森、朱光亚、王淦昌在内的中国最优秀的科学家,为原子弹的研制和生产提供了有力保证。

而周恩来则成为名副其实的原子弹研制和生产的"总调度"。举凡中央专委会决定的事,哪怕是一个关键零部件的生产,都采取会上当场拍板的方式,绝不拖到会下,由主管的部长负责,保质、保量、限时完成。决策做出后,周恩来还要派人不断督促检查,大大提高了工作效率。中央专委会成立两年后,我国第一颗原子弹就成功爆炸。

孟老回忆,每次试验前,总理都要几次与试验场通电话亲自询问,态度非常谨慎。1964年10月16日,孟昭瑞在第一次原子弹发射现场采访时,亲耳听到张爱萍将军向总理汇报原子弹爆炸成功。爆炸中首先产生冲击波,然后火球蹿出,紧接着形成蘑菇云,直到蘑菇云形成,张爱萍才有把握地拨通电话向总理汇报,在场人都听到电话那头总理焦急的声音——"确定有把握吗,准确还是不准确?"张爱萍随即又询问身旁的核物理专家王淦昌,得到了肯定答复,总理非常高兴,在场的工作人员觉得受到莫大鼓舞。

科学家·保护

● 如果出意外 我要找你们

1966年文化大革命开始,航天火箭和核工业系统在第二年春天也被卷了进去。周恩来得知这方面情况后,极为重视,亲自过问,全力保护成长中的国防尖端科技事业。他反复告诫有关人员:"这些单位是国家的绝密工厂、院、所,对国防建设和加强战备极其重要,一定要保障其绝对安全,保证其连续生产。""这些单位的文化大革命,只能在业余时间进行,不准串联,不准停产,不准武斗,不准夺权。"周总理竭尽全力地保护了参与我国尖端科技的技术专家和行政领导干部。他命令第二、第七机械工业部和科研院、所的军管会负责人,采取切实措施,保护列入名单的科学家和干部的人身安全,并严肃提出:"如果这些人发生意外,我要找你们。"钱学森院士曾回忆说:"'文革'中,我们都是受保护的;如果没有周总理的保护,恐怕我这个人早就不在人世了。"

核武器的发展与核扩散

我国第一颗原子弹爆炸

　　本世纪初科学家发现原子核中蕴藏着巨大的能量,人们将这种核能释放,并首先用于军事目的,结果促成了核武器的出现;从核装置原理结构上,可划分为原子弹,氢弹和特殊性能核弹,三种核弹的不同之处在于核能释放的方式不同和破坏杀伤的形式不同。核能的释放出现在原子核发生转变的过程中,而这种转变可分为重核裂变和氢核聚变两种方式。

原子弹——锋芒毕露

原子弹是利用原子核裂变反应释放出大量能量的原理制成的一种核武器,核装药一般为钚-239、铀-235。这些物质的原子核在热中子轰击下,分裂为两个或若干个裂片和若干个中子,同时释放出巨大的能量。新产生的中子又去轰击其它原子核,如此连续发展下去,核分裂的数量就会急剧增加,形成链式反应,仅在百分之几秒内就会出现猛烈爆炸,并放出非常大的能量。1公斤铀释放出的能量相当于2万吨梯恩梯炸药爆炸时释放出的能量。

原子弹是利用核裂变链式反应放出的能量造成杀伤破坏作用的核武器。

原子弹的发展

1945年7月16日——美国曼哈顿工程区军队在新泽西州阿拉摩哥多进行了代号为"瘦子"的第一颗原子弹试验。

1945年8月6日美国在日本的广岛投下了第一颗原子弹,8月9日又一颗原子弹在长崎爆炸。

1949年8月29日苏联成功地爆炸了第一颗原子弹。

1952年10月3日英国成功地爆炸了第一颗原子弹。

1960年2月13日,法国在西部非洲撒哈拉大沙漠赖加奈的一座100米的高塔上爆

空投我国首颗原子弹战机

首颗原子弹试爆成功

炸成功了第一颗原子弹,这颗原子弹获得了 6 万吨当量的核裂变能量。法国因此而成为世界上第四个拥有核武器的国家。

1964 年 10 月 16 日 15 时中国在西部地区成功地爆炸了第一颗原子弹。

1945 年 7 月 16 日,人类史上首颗原子弹试爆成功

1945 年 7 月 16 日,人类第一颗原子弹在美国的新墨西哥州的沙漠中爆炸成功。这标志着人类掌握核裂变与核聚变的巨大能量的时代到来了。

1939 年初,德国物理学家奥托－哈恩和弗里茨－施特拉斯曼利用中子分裂铀原子获得成功。不久,第二次世界大战爆发。当时逃到美国的匈牙利物理学家西拉德和意大利物理学家费米,向罗斯福总统提出利用核裂变释放能量以制造原子武器的建议。1942 年,美国制定了研制原子弹的"曼哈顿计划"。一批著名的美国科学家以及逃到美国的外国科学家参加了这项研制工作。美国物理学家奥本海默是"曼哈顿计划"的主力之一。1945 年 7 月 16 日,在他主持下的洛斯阿拉莫斯实验室在阿拉莫戈多沙漠成功地爆炸了世界上第一颗原子弹。

原子弹爆炸时的火球

代号为"小男孩"的第一颗原子弹

首批制造的原子弹共 3 枚,除第

物质科学 A

一颗用于试验外,另两颗分别投在了日本广岛和长崎。

广岛的"小男孩"和长崎的"胖子"

1945 年 8 月 6 日,代号为"小男孩"的第一颗原子弹被投掷在日本广岛。一架美国 B29 轰炸机在日本广岛上空盘旋,并投下了一颗原子弹。爆炸强度相当于 12500 吨(TNT炸药)。几秒钟的时间里,整个城市被夷为平地。广岛人口有 24.5 万人,其中 10 万人当场死亡,另外 10 万人受伤,而且,在几个月的时间里,又有数千人死于核辐射病,创伤极其他由于核爆炸导致的疾病。在广

携带原子弹"胖子"的飞机

岛,9 万幢建筑中有 6 万幢毁于或严重损害于原子弹。

8 月 9 日,另外一颗原子弹"胖子"降落在日本长崎。轰炸长崎的原子弹比轰炸广岛的原子弹威力大得多,在长崎,5.2 万幢建筑中只有 1.4 万幢被彻底摧毁,5,400 幢部分被毁。在离爆炸中心半径 1 千米之内,人畜几乎立即死亡;在离爆炸中心半径 1 千米到 2 千米之间,一些人畜立即死于巨大的爆炸和高温,但大多数受重伤或只是表面受伤。房屋及其他建筑全部被毁,而且处处起火。树木都被连根拔起并因高温变为干枯。在离爆炸中心半径 2 千米

代号为"胖子"的原子弹

到 4 千米之间，人畜受到窗玻璃碎片和其他碎片不同程度的伤害，许多人则被高温灼伤，住房和其他建筑半数被爆炸所毁。

日本于 8 月 15 日投降，第二次世界大战宣告结束。

氢弹的发展

1952 年 10 月 31 日美国进行了第一次氢弹试验。

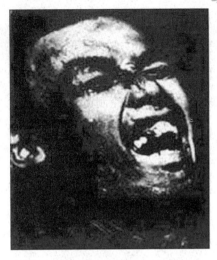

广岛原子弹受害者

1953 年 8 月 12 日苏联也爆炸了第一颗氢弹。

1967 年 6 月 17 日中国在西部地区成功的爆炸了第一颗氢弹。

原子弹和氢弹有什么不同？

原子弹的外形和普通重磅炸弹的形状是差不多的。不过，原子弹所用的炸药和内部结构是很特别的，完全不同于普通的火药炸弹。氢弹也是核武器的一种，它与原子弹的机理又有根本的区别，里面的炸药也不同与原子弹，你知道其中的区别吗？

原子弹爆炸时蘑菇状烟云

原子弹里面的炸药是用铀－235 或钚－239 等做的，而且炸药是分成一小块一小块的，每块炸药都做成一定的形状，它们每块的重量都不能超过"临界质量"，否则它们就会自动爆炸!当把每一块炸药合起来时，就是一个球形或椭球形，质量也就超过临界质量，这时原子炸药就会产生不可控制的链锁反应，而突然发生激烈的原子爆炸。

通常是在一块块原子炸药外围放上普通炸药，再安上自动控制的雷管。原子炸药的外层，是一层涓收中子，而能将中子反射回原子弹里面的物质，最外层就是坚硬的外壳。

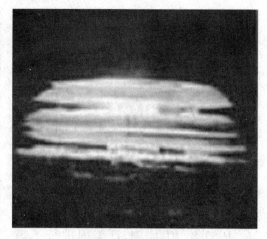

原子弹爆炸时的闪光

当我们需要在某时某地爆炸原子弹时，可以利用飞机或其他运载工具把原子弹带上，在爆炸前将雷管的自动点火装置调整好，然后把原子弹投下去，当工作人员进入安全位置后，自动点火装置就将雷管点火，使普通炸药爆炸，并把各块原子炸药挤成一个球形或椭球形，这时由于原子炸药数量超过了临界质量，于是很快地产生链锁反应而发生原子爆炸。

有了原子弹后，就可以制造氢弹。氢弹的炸药是用很轻的物质－－氢化锂7、氘化锂6，氘和氚等做成的。氢弹的炸药只能在几千万度的高温下，产生聚变热核反应，这时氘核和锂在高温下结合成氦核，并放出比原子弹更大的能量和更多的中子。所以要使氢弹爆炸，必须要供给它2000万度以上的高

氢弹

温,这种高温可以用原子爆炸来实现,因此原子弹实际上又是氢弹的雷管。

氢弹爆炸,不是由链锁裂变反应产生的,它是由聚合反应产生的。如果用氘氚或氚做氢弹的炸药,在氢弹外面还可以包一层铀238,当这些炸药爆炸时,会放出很多很快的中子,这些快中子又可以引起铀238的裂变。这样可以增加氢弹的威力。这种氢弹实际是由原子弹——氢弹——原子弹组成的,所以又叫做三相热核炸弹。

目前,最小的原子弹、氢弹,其威力为100吨T.N.T炸药爆炸的威力;最大的战略核武器——氢弹,其威力可以达到5000万吨T.N.T以上炸药的威力。原子弹、氢弹的种类很多,有原子地雷、原子水雷、原子鱼雷、原子炮等,还有核导弹。最新又制造出一种中子弹,它是由一枚超小型原子弹点火的小型氢弹,它的威力约等于1000吨T.N.T级炸药的威力。其爆炸杀伤半径虽然只有200米左右,但中子杀伤半径可以达到1000米。

问题1　原子弹是利用什么原理制成的?

问题2　原子弹爆炸是怎样给人类造成危害的?

问题3　你了解原子弹的发展史吗?

问题4　氢弹与原子弹谁的威力更大?

恐怖的美丽瞬间——核弹爆炸

物质科学A

如些美丽的场景,却有人称它是魔鬼的微笑!

问题 1　原子弹的爆炸过程是怎样的？请查阅相关资料。

众弹亮相——核武器种种

原子弹：它是最早研制出的核武器，也是最普通的核武器，它是利用原子核裂变反应所放出的巨大能量，通过光辐射、冲击波、早期核辐射、放射性沾染和电磁脉冲起到杀伤破坏作用。

氢弹：又称热核聚变武器，它是利用氢的同位素氘、氚等轻原子核的聚变反应，产生强烈爆炸的核武器。其杀伤机理与原子弹基本相同，但威力比原子弹大几十甚至上千倍。

物质科学

中子弹:又称弱冲击波强辐射弹。它在爆炸时能放出大量致人于死地的中子,并使冲击波等的作用大大缩小。在战场上,中子弹只杀伤人员等有生目标,而不摧毁如建筑物、技术装备等设备,"对人不对物"是它的一大特点。

美军飞机投下电磁脉冲弹示意图

电磁脉冲弹:它是利用核爆炸能量来加速核电磁脉冲效应的一种核弹。它产生的电磁波可烧毁电子设备,可以造成大范围的指挥、控制、通信系统瘫痪,在未来的"电子战"中将会大显身手。

伽玛射线弹:它爆炸后尽管各种效应不大,也不会使人立刻死去,但能造成放射性沾染,迫使敌人离开。所以它比氢弹、中子弹更高级,更有威慑力。

感生辐射弹:是一种加强放射性沾染的核武器,主要利用中子产生感生放射性物质,在一定时间和一定空间上造成放射性沾染,达到阻碍敌军和杀伤敌军的目的。

冲击波弹:是一种小型氢弹,采用慢化吸收中子技术,减少了中子活化削弱辐射的作用,其爆炸后,部队可迅速进入爆炸区投入战斗。

三相弹:用中心的原子弹和外部铀 – 238 反射层共同激发中间的热核材料聚变,以得到大于氢弹的效力。

现代战神——中子弹

中子弹是一种以高能中子辐射为主要杀伤力的低当量小型氢弹。只杀伤敌方人员,对建筑物和设施破坏很小,也不会带来长期放射性污染,尽管从来未曾在实战中使用过,但军事家仍将之称为战场上的"战神"——一种具有核武器威力而又可用的战术武器。

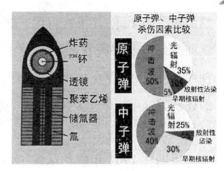

中子弹

在华盛顿,有专家认为,美国应重新考虑今后在亚洲的战略走向,防止中子弹技术扩散。中子弹被视为可以真正取胜的武器,1945年美国向广岛和长崎投下原子弹,其毁灭力令人战栗。自此以后,有良知的政治军事领袖和科学家认为原子弹是不可再用的武器,应该随受害者而宣告死亡。

于是美国科学家在50年代冷战之初,开始努力研制另类核武器。最初由加州大学一间实验室开始,这种秘密研究失败再失败,直到1977年才由美国陆军的科学家研制并试验成功,中子弹就此横空出世。

美国中子弹之父科恩受命研究中子弹时,主要考虑要以一弹阻止苏军坦克群入侵西欧,令对方所有作战人员死亡或受伤,通讯中断,坦克则完好无损,如此不仅令敌军惨败,也可使敌方反应放缓。

美国军方曾以美制和苏制先进坦克试验中子弹,结果坦克内的动物全部死亡。一枚普通中子弹,在二三百米上

中子弹爆炸的瞬间

空爆炸,瞬间可使200辆配备强大火力的坦克丧失战斗力,人员死亡。

1977年美军试爆中子弹成功,卡特总统便以之为政治武器,希望逼前苏联裁军,保证不侵犯西欧。但到了1978年4月,卡特在国内外各种压力下,推迟了生产计划,改为只生产中子弹部件。卡特所承受的最大压力来自法国。法国坚持认为,中子弹必将加速东西方军备竞赛,使亚欧的处境更加危险。法国所提不无道理,美国未防有诈而停产,谁料想,1980年法国竟

然试爆了中子弹,并扬言将用它来保卫欧洲! 此弹令法国在政治军事上大显神通,美国却气得直跳。让美国人气愤的还不只这些,没过多久,传来"更坏"的消息,前苏联也有了中子弹!

中国在 1964 年成功试爆第一颗原子弹的同时,也放眼中子弹,那年,著名核子物理学家王淦昌,提出激光核聚变

中子弹爆炸的震撼场面

初步理论,从此中国科学家开始有系统地从事这方面研究。10 年后,科学家采用激光技术,在实验室里观察到中子的产生过程。到 80 年代初,建造了用于激光聚变研究的装置,80 年代末期成功试爆中子弹。王淦昌是世界上最先提出激光核聚变概念的科学家之一,国际科学界是根据他于 1941 年提出的理论,首次在实验室证实了中微子的存在,美国中子弹之父科恩也拜读过他发表的有关原子和中子的论文。

问题 1　查阅相关资料了解中子弹。

问题 2　为何称"中子弹"为现代战神?

问题 3　查阅相关资料了解激光聚变。

问题 4　你还了解哪些核武器?

核裁军——漫漫之旅

　　爱因斯坦晚年投入和平运动后曾说:"向美国政府建言造原子弹是我终身一大憾事"。

　　在这个科技发达的时代里,国与国之间的冲突愈加严重,战争也无时无刻地上演着,而且战争给人们带来的灾难也越来越大。从十九世纪初,随着核技术的发现与研究,核武器的使用随之开始了核战争的危机,1945年8月6日,随着一声震耳欲聋的巨响,第一颗原子弹在日本广岛的上空爆炸了,118661人就在瞬间离开了这个世界,受伤的人更是不计其数,这样巨额数字令人不寒而栗。这惊心动魄的一幕,让世界人们震惊,同时,也引起我们的深思:科学的发展是为战争准备还是使世界更加和平?

物质科学A

　　《防止核武器扩散条约》1968年6月12日联合国大会通过,1968年1月7日英、美、苏等59个国家在莫斯科、伦敦和华盛顿开放签署,1970年3月5日——美国、英国、前苏联及其

2007年2月11日,在伊朗首都德黑兰,伊朗总统艾哈迈迪－内贾德在纪念伊朗伊斯兰革命27周年活动上讲话。内贾德当日表示,如果西方利用《不扩散核武器条约》向伊朗施加不公正的压力,伊朗有可能考虑退出该条约。

他45个国家签署了《反核武器扩散条约》,有效期25年。条约由序言和11条正文组成。主要内容有:①1967年1月1日前制造并爆炸核武器或其他

核爆炸装置的国家为核武器国家。②有核武器缔约国不得向任何国家转让核武器或其他核爆炸装置及控制权,也不以任何方式协助、鼓励或引导无核武器国家制造或以其他方式取得上述武器或制造上述装置或取得其控制权。③无核武器缔约国不得从任何让与国接受核武器或其他核爆炸装置及此种武器或装置的控制权,不制造也不要求任何人提供这方面的帮助。④缔约国承诺,谈判制定关于早日停止核武器竞赛与核裁军的有效措施,以及在国际监督下普遍彻底裁军的条约。⑤本条约不影响各缔约国为和平用途而研究、生产和使用核能的不可剥夺的权利,但进行一切和平核活动中,均应依据和遵守国际原子能机构的规约和安全保障制度,以防止核能由和平用途移作核武器或其他核爆炸装置。

1995年5月11日,《不扩散核武器条约》审议与延期大会决定条约无限期延长。至1995年5月,共有179个国家批准或加入。

中国一贯主张全面禁止和彻底销毁核武器,奉行不主张、不鼓励、不从事核武器扩散,不帮助别国发展核武器的政策。1984年中国加入国际原子能机构后明确宣布,中国核出口严格遵循核不扩散原则。1990年,中国作为观察员出席了条约第4次审议会议。1991年12月29日,中华人民共和国全国人民代表大会常务委员会第23次会议决定中国加入《不扩散核武器条约》。1992年3月9日,中国向英国、美国和俄罗斯3个条约保存国分别递交了《不扩散核武器条约》加入书。加入书指出,中国支持条约确定的目标,即防止核武器扩散、推动核裁军、促进和平利用核能的国际合作,并认为这三个目标是相互联系的;防止核武器扩散本身并不是目的,而是实现全面禁止和彻底销毁核武器过程中的措施和步骤。加入书还申明,台湾当局以中国名义分别于1968年7月1日和1970年1月27日对该条约的签署和批准是非法的和无效的。1995年5月,中国在该条约审议与延期大会上支持其无限期延长的决定,并推动大会不经投票通过了《核不扩散和裁军的原则与目标》等文件。

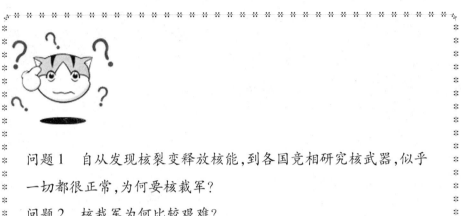

问题1　自从发现核裂变释放核能,到各国竞相研究核武器,似乎一切都很正常,为何要核裁军?

问题2　核裁军为何比较艰难?

问题3　你怎么看朝核问题和伊朗核问题?

问题4　你认为世界大战会打起来吗?

物质科学A

物质科学A

核能的和平利用

自从发现核能到 1942 年实现核裂变首次点火(1942 年美国芝加哥大学建成了世界上第一座自持的链式反应装置,从此开辟了核能利用的新纪元),人类正大力发展和平利用核能,其中主要是利用核能发电。

美国核电站

核发电的历史与现状

核发电的历史

1949 年——原子能委员会宣布选择爱达荷州某地作为国家核电厂试验站。

1951 年 12 月 20 日——在爱达荷州阿科市,增殖反应堆首次由核能产生电能,点亮了四盏灯。

1953 年 3 月 30 日——鹦鹉螺号第一次用核能发电。

1954 年前苏联建成世界上第一座核电站——澳布灵斯克核电站。

1957 年 7 月 12 日——借助加利福尼亚圣苏珊那的一个试验钠反应

堆,人们第一次在民用发电站实现核能发电。此核电厂一直运行到 1966 年。

1957 年——在宾夕法尼亚州希平港附近,成立了第一个商业核能发电站。三个星期后,核电厂开始往匹兹堡地区供电。

1959 年 10 月 15 日——美国第一个没有任何政府资金投入的核电厂建成,位于伊利诺伊州的德雷斯顿一号供电厂,实现了自供核能反应。

20 世纪 60 年代初期——人们首次在偏远地区建成了小核电厂,为气象站供电,并照亮航海用的浮标。

1965 年 4 月 3 日,美国投入使用第一个空中核反应堆。

1989 年——在美国有 109 座核电厂,创下了发电量的最高纪录,超过了 1956 年所有燃料发电量的总和,供应整个国家 19% 的电量。法国有 58 个核电站;日本有 52 个核电站;英国有 35 个核电站;俄罗斯有 29 个核电站;中国的核能发电才刚刚起步;现有四座核电站已经投入运行发电。

1995 年统计,全世界有 500 多个核电站,俄罗斯核电站核电已占全世界发

美国圣奥诺弗雷核电站

法国核电站

俄罗斯核电站

日本核电站

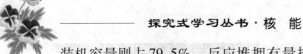
装机容量则占 79.5% 。反应堆拥有量排名前三位的美国、法国、日本的反应堆总和占全世界的 49.4% ,装机容量占 56.9% 。

核电在世界能源结构中起着重要的作用,是优化国家或地区能源结构、提高能源安全性和经济性的重要力量。(附世界部分国家和地区核电站一览表)

国家和地区	运行机组(台)	核电装机容量 (万千瓦)	核发电量 (亿千瓦时)	占全国发电量比例
美国	104	9786	7886	20%
法国	59	6307	4268	78%
日本	54	4429	2301	25%
德国	19	2128	1584	32%
俄罗斯	30	2079	1330	16%
英国	33	1250	853	24%
韩国	18	1489	1239	38%
乌克兰	13	1120	818	51%
加拿大	17	1002	853	15%
印度	14	250	150	2.8%
巴基斯坦	2	42	19	2.4%
中国大陆	9	659	478	2%

中国核电站

化石燃料(煤炭、石油、天然气)随着人类大量的开采和利用使之日趋枯竭,水力资源也是有限,且受地理条件限制,地热、风力、潮汐、太阳能等,都因受多种条件限制,只能在一定条件下有限开发,很难大量使用。

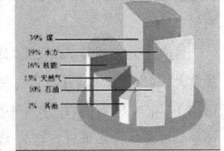

目前核电技术上已较成熟,且能大

规模开发使用,是安全、清洁、高效的能源。

如今,核电与火电、水电并称为世界三大电力供应支柱。

浙江秦山核电站:是中国第一座自行设计建造的原型堆核电站,从 1991 年开始发电。

广东岭澳核电站:1995 年兴建,2002 年 5 月 29 日投入运营。

广东深圳大亚湾核电站:1994 年中外合资建造的核电站

田湾核电站:位于江苏连云港市,是双数字仪控系统和双层安全壳。2005 年投入运行。

问题 1　核能发电是人类和平利用核能,当前的利用状况如何?

问题 2　核能发电与原子弹爆炸对核能的释放有什么不同的要求?

问题 3　查相关资料了解各国利用核能发电的最新情况。

问题 4　核电站会越来越多,你认为这是好事还是坏事?

物质科学 A

物
质
科
学
A

认识核电站

我们知道重核裂变时可释放出巨大的核能,而且我们已经掌握了控制裂变链式反应速度的方法。利用核能发电的电站叫做核电站。目前已建成的核电站都是利用重核裂变的链式反应释放的能量来发电的。

核电站是能源队列中的巨人。核电站吃食甚少,但力大无比。一座100万千瓦级压水堆核电站,一年只需 30～40 吨左右低浓铀核燃料,而同样规模的煤电站,一年要供应它 212～350 万吨煤炭。

核电站的不凡风貌,其奥妙就在它的"核发电机"与众不同。

核能发电

钢制中子外壳——
控制杆——
流进冷却剂——
流出加热的冷却剂——
燃料棒——

核电厂与火电厂

核电厂与火电厂都是由两部分组成,一部分是蒸汽供应系统,另一部分是汽轮发电机系统。两种电厂的汽轮发电机系统基本上是相同的,不同的是蒸汽供应系统。

核电厂的蒸汽供应系统是由核燃料在反应堆内发生链式裂变反应,放出原子核能产生蒸汽;而火电厂的蒸汽供应系统是由煤或石油在锅炉内燃烧,放出化学能来产生蒸汽。

核电厂在环境上优于火电厂,因为不放出二氧化碳、二氧化硫和氮的氧化物,不会造温室效应和酸雨,从而保护了人类赖以生存的生态环境。

核电站的结构

核电站是利用原子核裂变产生的热能来发电的电站。它是以核反应堆来代替火电站的锅炉,以核燃料在核反应堆中发生特殊形式的"燃烧"产生热量,来加热水使之变成蒸汽。蒸汽通过管路进入汽轮机,推动汽轮发电机发电。一般说来,核电站的汽轮发电机及电器设备与普通火电站大同小异,其奥妙主要在于核反应堆。

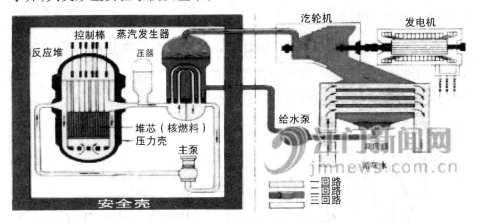

第二代压水堆核电站示意图

核反应堆是一个能维持和控制核裂变链式反应,从而实现核能－热能转换的装置。核反应堆是核电厂的心脏,核裂变链式反应在其中进行。

核电站除了关键设备——核反应堆外,还有许多与之配合的重要设备。以压水堆核电站为例,它们是主泵,稳压器,蒸汽发生器,安全壳,汽轮发电机和危急冷却系统等。它们在核电站中有各自的特殊功能。

主泵 如果把反应堆中的冷却剂比做人体血液的话,那主泵则是心脏。它的功用是把冷却剂送进堆内,然后流过蒸汽发生器,以保证裂变反应产生的热量及时传递出来。

稳压器 又称压力平衡器,是用来控制反应堆系统压力变化的设备。在正常运行时,起保持压力的作用;在发

秦山核电站汽轮机厂房

生事故时,提供超压保护。稳压器里设有加热器和喷淋系统,当反应堆里压力过高时,喷洒冷水降压;当堆内压力太低时,加热器自动通电加热使水蒸发以增加压力。

　　蒸汽发生器　它的作用是把通过反应堆的冷却剂的热量传给二次回路水,并使之变成蒸汽,再通入汽轮发电机的汽缸作功。

　　安全壳　用来控制和限制放射性物质从反应堆扩散出去,以保护公众免遭放射性物质的伤害。万一发生罕见的反应堆一回路水外逸的失水事故时,安全壳是防止裂变产物释放到周围的最后一道屏障。安全壳一般是内衬钢板的预应力混凝土厚壁容器。

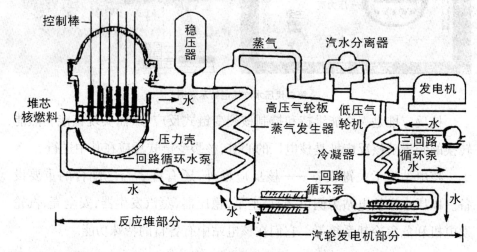

压力堆核电站内部结构示意图

　　汽轮发电机　核电站用的汽轮发电机在构造上与常规火电站用的大同小异,所不同的是由于蒸汽压力低,汽轮发电机体积比常规火电站的大。

　　危急冷却系统　为了应付核电站一回路主管道破裂的极端失水事故的发生,近代核电站都设有危急冷却系统。它是由注射系统和安全壳喷淋系统组成。一旦接到极端失水事故的信号后,安全注射系统向反应堆内注射高压含硼水,喷淋系统向安全壳喷水和化学药剂。便可缓解事故后果,限制事故蔓延。

问题1 核电站与火电站相比有何优缺点?

问题2 对核电站的构造你了解多少?

问题3 核电站发电过程中能量形式是如何变化的?

问题4 中国的核电站分布你了解吗?在国民经济发展中有什么重要地位?

核电厂的心脏

能产生可控制的持续核链式反应的装置,就是核反应堆,简称反应堆。原子弹爆炸的能量和核反应堆的能量虽然都来自原子核裂变,但这是两种不完全相同的过程。如作一个对比,原子弹就好像我们把一根火柴丢进一桶汽油中,引起猛烈的燃烧和爆炸,而核反应堆犹如将汽油注入汽车发动机慢慢消耗一样。原子弹是由原子核里产生的快速中子在一瞬间引发的,而反应堆中的中子速度必须先降低,然后加以控制利用。

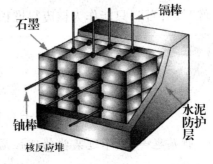

易裂变物质如铀-233、铀-235、钚-239、钚-241等,裂变时产生的中子,能量很高、速度很快,称为快中子。在反应堆中,人为地装入一定量的含

物质科学 A

轻原子核(氢、氘、碳、铍等)的物质,如轻水(即普通水)、重水(氘与氧的化合物)、石墨和铍等;由裂变产生的快中子同这些轻原子核碰撞,通过能量传递、速度减慢,直至与周围介质的分子热运动达到平衡。这些经过慢化,与周围介质分子热运运平衡的中子,称为热中子。

秦山三期重水堆电站

主要依靠热中子引起核裂变并维持链式反应的反应堆称为热中子反应堆,简称热堆。按人为放入堆中的慢化中子的物质不同,热堆可分为轻水堆、重水堆和石墨堆等。

发电能力为 100 万千瓦的热堆,每天使用约 3 公斤铀 – 235。虽然用量不多,但是由于天然铀储量有限现探明约可使用 1000 年,其中铀 – 235 约只占 0.7%,而 99.3% 是铀 – 238。铀 – 235 和铀 – 238 都是铀的同位素,它们的原子核都会裂变,但铀 – 235 有其独特的裂变方式,当中子撞击其原子核时,原子核会分裂成重量几乎相等的两部分,而铀 – 238 却不具备上述裂变方式,所以不能用作热堆的燃料。

因此,当今核电站的核燃料中,铀 – 235 如同"优质煤",而铀 – 238 却像"煤矸石",只能作为核废料堆积在那里,成为污染环境的"公害"。

重 水

重水与普通水看起来十分相像,是无臭无味的液体,它们的化学性质也一样,不过某些物理性质却不相同。普通水的密度为 1 克/厘米 3,而重水的密度为 1.056 克/厘米 3;普通水的沸点为 100℃,重水的沸点为 101.42℃;普通水的冰点为 0℃,重水的冰点为 3.8℃。此外,普通水能够滋养生命,培育万物,而重水则不能使种子发芽。人和

物质科学A

动物若是喝了重水,还会引起死亡。不过,重水的特殊价值体现在原子能技术应用中。制造威力巨大的核武器,就需要重水来作为原子核裂变反应中的减速剂,作中子的减速剂,也可作为制重氢的材料,普通水中含量约为 0.02% (质量分数)。

重水和普通水一样,也是由氢和氧化合而成的液体化合物,不过,重水分子和普通水分子的氢原子有所不同。我们知道,氢有 3 种同位素。一种是氕,它只含有一个质子。它和一个氧原子化合可以生成普通的水分子。另一种是重氢——氘。它含有一个质子和一个中子。它和一个氧原子化合后可以生成重水分子。还有一种是超重氢——氚。它含有两个中子和一个质子。

根据重水的性质,你能有办法生产吗?

重水可以通过多种方法生产。最初的方法是用电解法,因为重水无法电解,这样可以从普通水中把它分离出来。还有一种简单方法是利用重水沸点高于普通水通过反复蒸馏得到。然而只有两种方法已证明具有商业意义:水——硫化氢交换法(GS 法)和氨－－氢交换法。请查阅相关资料了解提取重水的相关实验。

快中子反应堆:核电中的一朵奇葩

不人为放入慢化中子的物质(慢化剂),主要由快中子引起核裂变并维持链式反应的反应堆称为快中子反应堆,简称快堆。

当前,世界上应用最广泛的核电

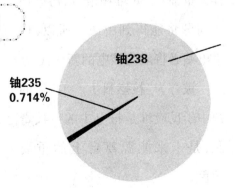

铀238

铀235
0.714%

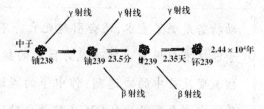

快中子使铀－238 蜕变为钚

站是热堆电站,而拥有热堆电站的国家都重视开发快堆,因为快堆能大大提高核燃料资源的利用率。

物质科学 A

热堆中使用的易裂变物质,即核燃料,主要是从天然铀中提取的同位素铀－235,它对热中子的裂变率最高。但是,天然铀中铀－235 仅占 0.714%,而占天然铀 99% 以上的另一种同位素铀－238,在热堆中不能得到有效利用。研究发现,铀－238 吸收中子后,经过经几次核蜕变,可以变成另一种自然界不存在的易裂变物质——钚－239。由于铀－238 对热中子的吸收率很低,在热堆中产生的钚－239 数量不足以抵偿消耗掉的铀－235。而铀－238 对快中子的吸收率最高,在快堆中新产生的核燃料多于消耗掉的核燃料,可以达到增殖核燃料的目的,所以快堆也称为快中子增殖反应堆。

在热堆中,天然铀资源的利用率的利用率只能达到 1～2%;在快堆中利用率可以提高 50～60 倍。

如果只发展热堆电站,占天然铀 98% 以上的铀资源只能被作为核废料(即贫铀)而弃置;还将危害自然环境。在发展热堆的同时发展快堆,就可以像下图形象地表达的那样:变废为宝,即把贫铀转变为新的核燃料。这样大量铀－238 堆积浪费、污染环境问题将能得到解决。所以,快堆电站必将成为核电的新一代。

被誉为"核燃料生产工厂"的快中子反应堆是核电中的一枝奇葩,是未来能源舞台上的重要角色。

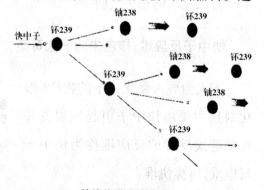

快堆能增殖核燃料

核燃料
钚239

贫铀

快堆——吃废料产核燃料的"神牛"

压水堆

反应堆种类很多,核电站中使用得最多的是轻水水堆,而轻水堆中有60%是压水堆。

压水堆中首先要有核燃料。核燃料是把小指头大的烧结二氧化铀芯块,装到锆合金管中,将二百多根装有芯块的锆合金管组装在一起,成为燃料组件。每个组件中有一束控制棒,控制棒是可以吸收中子的,中子被吸收后就不能使裂变进行下去。要想放慢链式裂变反应的速度,可以把控制棒插入一些;要想加快反应的速度,可以把控制棒的部分或者全部拉出来。这样就能够控制着链式反应的急缓程度和反应的开始与终止。

压水堆以水作为冷却剂。水在主泵的推动下流过燃料组件,吸收了裂变产生的热能以后流出反应堆,进入蒸汽发生器,在那里把热量传给二次侧的水,使它们变成蒸汽送去发电,而主冷却剂本

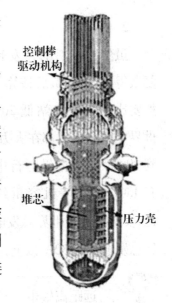

控制棒
驱动机构

堆芯

压力壳

压力容器及堆内构件

身的温度就降低了。从蒸汽发生器出来的主冷却剂再由主泵送回反应堆去加热。水的这一循环称为一回路,一回路的高压由稳压器来维持和调节。

核电站的特点

1. 消耗的"燃料"少

核电站只需消耗很少的核燃料,就能产生大量的电能. 例如一座 100 万千瓦的火力发电厂每年要耗煤三、四百万吨,而相同功率的核电站每年只需核燃料三、四十吨,这就大大减少了燃料的运输。

2. 成本低

虽然铀燃料的开发和提炼比煤要复杂得多,但是最后核算下来的成本仍然要比火力发电站低 20% 以上. 所以世界上很多国家都在大力发展核电站. 到 1989 年,全世界运行中的核电站已有 434 座,总装机容量约 32000 万千

山东三大核电站位置图

胶东半岛核电圈,其中在建海阳核电站为中国最大核电站。

瓦,发电量占全世界总发电量的 17% ,预计到 21 世纪,核能发电将达到世界总发电量的 30% 以上,核能将成为 21 世纪的主要能源之一。

远距离输电

我国核电站的分布只在特定地方,核电要输送到其它地方,为何要高压输送? 实现电压变化的关键装置是什么?

输电线路示意图

从发电站发出的电能,先经过变压器把电压升高,用高压电输送到远方,再经过变压器把电压降低,供用户使用。

远距离输电,为了减少线路上电能的损耗,必须升高电压。变压器就是把交流电的电压升高或者降低的装置。

我国远距离输电的电压有 110 千伏、220 千伏、330 千伏,近年还建成了 500 千伏的超高压输电线路。

物质科学A

一座楼房的进户线　　输送电能的高压线

升压变压器

沸水堆核电站示意图

问题1　为何说反应堆是核电站的心脏？

问题2　反应堆的反应速度是怎样控制的？

问题3　为何称铀－235如同"优质煤"，而铀－238却像"煤矸石"？

问题4　为何称快中子反应堆是核电中的一朵奇葩？

问题5　电能从发电站输出为什么一般采用高压输电？

警惕核污染

核污染是指由于各种原因产生核泄漏甚至爆炸而引起的放射性污染。其危害范围大，对周围生物破坏极为严重，持续时期长，事后处理危险复杂。

1986年4月25日，前苏联切尔诺贝利核电站发生核泄漏事故，爆炸时泄漏的核燃料浓度高达60%，且直至事故发生10昼夜后反应堆被封存，放射性元素一直超量释放。事故发生3天后，附近的居民才被匆匆撤走，但这3天的时间已使很多人饱受了放射性物质的污染。在这场事故中当场死亡2

切尔诺贝利核电站

人,至 1992 年,已有 7000 多人死于这次事故的核污染。这次事故造成的放射性污染遍及前苏联 15 万平方公里的地区,那里居住着 694.5 万人。由于这次事故,核电站周围 30 公里范围被划为隔离区,附近的居民被疏散,庄稼被全部掩埋,周围 7 千米内的树木都逐渐死亡。在日后长达半个世纪的时间里,10 公里范围以内将不能耕作、放牧;10 年内 100 公里范围内被禁止生产牛奶。

切尔诺贝利核电站最终被关闭,不仅如此,由于放射性烟尘的扩散,整个欧洲也都被笼罩在核污染的阴霾中。临近国家检测到超常的放射性尘埃,致

二〇〇六年十一月八日,在乌克兰切尔诺贝利核电站,参加核事故演习的工作人员戴着防护面具"撤离"工作区。

使粮食、蔬菜、奶制品的生产都遭受了巨大的损失。核污染给人们带来的精神上、心理上的不安和恐惧更是无法统计。

事故后的 7 年中,有 7000 名清理人员死亡,其中 1/3 是自杀。参加医疗救援的工作人员中,有 40% 的人患了精神疾病或永久性记忆丧失。时至今日,参加救援工作的 83.4 万人中,已有 5.5 万人丧生,七万人成为残疾,30 多万人受放射伤害死去。

另据报载,日本九州长崎东北 50 公里外九州岛一个偏僻山林内发现一群为数只有几十个的怪人。由于他们形象怪异,没有鼻子,双眼凸出如鸡蛋大,嘴部只有一条裂缝似的开口,四肢瘦长,科学家称他们为"昆虫人"。他们极可能是二次大战末期,美国原子弹投落长崎的一些劫后余生者。因为受到大量核辐射感染,才使他们变成现今不似人形的怪物。他们就像一个全新的人种。核辐射破坏了他们的生育功能,不能繁殖下一代。他们的视力和说话功能几乎完全丧失,他们显得十分脆弱、无助和没有主见,真的就像昆虫般过着卑微可怜的生活。

物质科学A

至于1986年苏联的切尔诺贝利发生核电站泄漏事故、导致不少动植物畸形变种,以致出现"鼠大如猪"的景象更令人惊异。不久前,一支由巴沙科夫等率领的科学考察组,身穿严密的防辐射罩衣,手持高性能自动手枪,来到受污染最严重的地区考察。当他们来到一间破烂不堪的粮仓时,突然发现一群"肥猪"向他们奔跑而来。这群"肥猪"浑身呈灰褐色,尖尖的嘴巴,硬硬的胡须,拖着长而无毛的细尾巴,体长近1米,行动非常敏捷。它们奔

保护镇静　进入室内
听从指挥　运用通手段
撤离　服碘片

核事故的公众防护措施是什么?

公众防护措施,是在核电厂发生事故的情况下,为避免公众受到放射性损伤的保护措施。主要有:隐蔽,服稳定碘,佩带防护用具,控制食物和饮水,控制进出通道,撤离,去污,临时避迁和再定居。在事故早期,对公众来说,最重要的是前两项。

到科学家面前,立即形成包围圈,贪婪的小眼虎视眈眈。巴沙科夫等人定眼一看,哎呀!原来是一群由于核辐射致使其变了形的老鼠——褐家鼠。他们慌忙扳动手枪,射杀了围近的几只,哪知这种核老鼠的行为习性也发生了变化,它们毫不畏惧,不仅不逃跑,反而争先恐后地抢食起同伴的尸体来。科学家们感到毛骨悚然,趁它们争食撕打之际,突围抢登吉普车,落荒而逃。

这些由于人为的原因导致环境污染、生态破坏的典型事例是多么的发人深思和令人不安啊!环境的污染与生态破坏威胁着人类的生存与安全,

这绝不是什么危言耸听。热爱生活的人们警醒吧！保护环境,爱护地球这个人类共同生活的惟一家园,也就是保护我们人类自己。

不忘历史:核污染与切尔诺贝利事故

1986 年 4 月 26 日凌晨 1 点 40 分,前苏联切尔诺贝利核电站的 4 号机组反应堆发生强烈爆炸,现场火焰高达 30 多米。尽管前苏联空军及时出动飞机投下 5000 多吨含铅、硼的沙袋,封住了反应堆,但还是造成了严重的损失。这次事故,是核电发展史上最严重的事故,人称切尔诺贝利悲剧。这次事故造成 31 人死亡,13.5 万人被迫撤离,经济损失 20 亿卢布。由于事故造成堆芯溶毁,石墨砌体燃烧,大量放射性物质外泄,造成了严重的环境污染。在前苏联境内,需要清除污染的有 5000 个居民点、6 万幢住宅和其他建筑物以及大片森林、田地。在前苏联境个,因事故后的 4 月 27、28 日刮东南风,芬兰、瑞典、挪威、丹麦和波兰首当其冲;后来刮北风,放射性烟云吹向欧洲南部。

核电站会给周围居民带来有害影响吗

约在 100 年前,科学家发现某些物质能放出三种射线:阿尔法射线(α)、贝塔射线(β)和伽玛射线(γ)。以后证明阿尔法射线是氦核子流,贝塔射线是电子流,类似的还有宇宙射线、中子射线等,统称粒子辐射。伽玛射线是波长很短的电磁波,类似的还有 X 射线等,统称电磁辐射。

辐射无色、无味、无声、看不见、摸不着。不过辐射却可用仪器来探测

物质科学 A

和度量。度量辐射剂量的单位是希沃特(简称希)，1毫希沃特等于千分之一希沃特。

在一定的范围内，人体对放射性损伤有自然抵抗和恢复能力。人体能够耐受一次0.25希沃特的集中照射而不致遭到损伤，但是国家为了保护工作人员和

人们在核电站附近的海滨游泳

居民的身体健康，规定了特别严格的限值，即从事放射性工作的人员每年不超过0.05希沃特，核设施周围居民每年不超过0.001希沃特，也就是每年不超过1毫希沃特，核电站对人造成的实际剂量比上述限量要小得多。中国核工业集团公司为核电站规定的管理标准，对周围居民的照射不得超过0.25毫希沃特/年。

核电站，由于很多人对它还不太了解，受到一些不公正的对待，总觉得它会污染环境，会给人们的生活带来损害。其实核电站推广应用，不但能提供大量电力，还会大大改善环境，因为它是清洁的能源。目前困扰人类社会的环境污染，自然资源(主要是能源)短缺和人口爆炸性增加这三个主要问题。至少有两个靠核能能得到缓解。

目前的环境清洁问题大部分是由使用化石燃料引起的。由二氧化碳等造成的温室效应以及二氧化碳和氮氧化物等造成的酸雨正在全球范围内破坏人类赖以生存的生态环境。一座100万千瓦的燃煤电站每年要耗300万吨煤，产生的废物总量超过300万吨。

法国1980年到1986年间核电占总发电量的比例由24%提高到70%，在此期间法国总发电量增加40%，而排放的硫氧化物却减少了9%，尘埃减少了36%，大气质量有明显改善。

事实证明用核电站代替火电站,能大大改善环境质量。核电站是人类的朋友,也是环境的朋友。

深海猛鲨——核潜艇

核潜艇就是以核动力为推进动力的大型潜艇。水中排水量可以达到万吨以上,下潜深度为 300 – 500 米,水下全航速度为 20 – 30 节,水下续航能力为 20 万海里,自持力达 60 – 90 天。

为战略打击力量,核潜艇可以装备带核弹头的弹道导弹或飞航式导弹。按武器装备可以分为鱼雷核潜艇和导弹核潜艇。

世界上第一艘核潜艇是美国的"鱼"号,是在 1954 年 1 月 24 日开始首次试航。首次试航即显示了核潜艇的优越性,人们听不到常规潜艇那种轰隆隆的噪声,艇上操作人员甚至觉察不出与在水面上航行有何差别,它 84 小时潜航了 1300 千米,这个航程超过了以前任何一艘常规潜艇的最大航程 10 倍左右。1955 年 7 ~ 8 月,"鱼"号和几艘常规潜艇一起参加反潜舰队演习,反潜舰队由航空母舰和驱逐舰组成。在演习

"梭子鱼级"核动力攻击潜艇排水量约 4100 吨

核潜艇内部

中,常规潜艇常常被发现,而核潜艇则很难被发现,即使被发现,核潜艇的高速度也可以使之摆脱追击。由于核潜艇的续航力大,用不着浮出水面,因而能避免空中袭击。

物质科学A

1981 年 4 月,中国第一艘战略核潜艇下水,并于 1983 年正式服役。其后,该艇又圆满完成了最大自持力、极限潜深、水下全速航行、大深度鱼雷发射等试验。1988 年 9 月 28 日,一声惊雷震撼海空,中国战略核潜艇水下发射弹道导弹取得成功,从此,中国成为世界上第五个拥有海核威慑力量的国家,在风云变幻的国际局势中有了捍卫国家利益的"杀手锏"。中国这样一个发展中国家完全依靠自己的能力,独立自主地发展出了核潜艇,这本身就是一个奇迹,它大大提高了中国的国防实力、科技实力和国际威望。展望未来,将会有更多、更先进的中国核潜艇游弋在蓝色大洋之中,成为令任何来犯者望而生畏的"深海猛鲨"。

美:俄亥俄号核潜艇

战略核潜艇

 你知道潜艇为何能潜入海底又能浮出水面?

浮力是怎样产生的?

器材准备:乒乓球 2 只(最好是一只白色、一只是黄色)、矿泉水塑料瓶 1 只,大号雪碧塑料瓶 1 只、细铁丝一段和足够的水。

制作过程：

（1）将矿泉水塑料瓶的底用美工刀割去；

（2）把大号雪碧塑料瓶的上部割去，留下圆柱形的瓶身；

（3）将矿泉水瓶口朝下，在矿泉水瓶身上用细铁丝做一个架子，使矿泉水瓶身可以架空在大号雪碧瓶身上，矿泉水瓶口不能与雪碧瓶底接触，保持有2cm的距离。在两瓶身之间形成一个夹层，即矿泉水瓶身是内瓶、雪碧瓶是外瓶了。

实验步骤：

（1）将白色和黄色的2只乒乓球放入内瓶中，这时一只白色乒乓球在内瓶的瓶颈处将瓶口堵住、另一只黄色乒乓球则在白球的上面斜靠着瓶壁；

（2）用水快速地从上方对着乒乓球倒入内瓶中，只见在上面的那只黄乒乓球马上浮在水面上，而白色乒乓球却沉在水底下，仍堵住在瓶颈处。同时，内瓶的瓶口有水滴流出来，流在夹层里。内瓶里水面在逐渐下降、外瓶里的水面在不断上升。白乒乓球还是沉在瓶颈口。

科学小实验：浮力是怎样产生的？

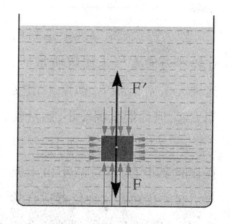

浮力产生的原因

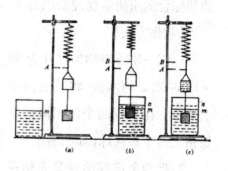

1.利用针筒抽水法验证阿基米德定律

物质科学A

乒乓球在水里总是漂浮在水面上,怎么会一只浮了起来。一只会沉在下面? 真有点不可思议。

你能知道物体在液体中的浮力大小吗?

这些小实验表明什么呢? 做一做。

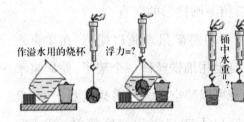

作溢水用的烧杯　　浮力=?　　桶中水重=?

浮力天平的制作

2. 浸没在水不的石块受到的浮力跟它排开的水重有什么关系?

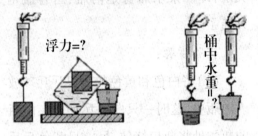

浮力=?　　桶中水重=?

顾名思义,浮力天平是利用比较浮力的方法来比较质量的。这种天平制作简单,横梁不用支架支起,但称量范围较小,感量较大。由于天平浮在液面上,所以操作时要小心,尽量减小由于波纹引起的扰动。这种仪器适合学生在学习浮力后进行课外活动或小制作中使用,以提高学生的兴趣和综合运用所学物理知识的能力。

3. 浮在水上的木块受到的浮力跟它排开的水重有什么关系?

【制作方法】

1. 截一块薄厚均匀尺寸为30×16 厘米 2 的木板,将其表面涂上清漆。在木板四个角相同位置处粘上四个乒乓球(如图所示)

2. 把两个选好的秤盘先粘在两个缝纫机底线轴上,然后再把

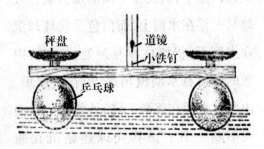

秤盘　道镜　小铁钉　乒乓球

浮力天平

物质科学A

底线轴分别粘在距木板两端相等的位置上。

3.在木板当中立一与板垂直的木条(或铁丝),在其上吊一重锤,并在重锤正下方的木板上钉一小铁钉,钉尖朝上。重锤与板上的小铁钉对齐时,天平平衡。

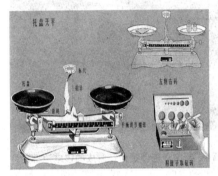

托盘天平

物理天平

物质科学A

问题1 核潜艇相比普通潜艇有哪些优势?查相关资料。

问题2 潜艇为什么能实现沉浮自如?

问题3 核潜艇在一个国家中为何有重要的军事地位?

问题4 如何计算一个物体在液体中受到的浮力?

展望未来——核装置的小型化

长寿命的核电池

人们自然就想知道这位电池家族中的后起之秀能"长寿"的秘密。要了解核电池，就得先熟悉同位素，因为核电池还有个名字叫做"放射性同位素电池"。同位素在衰变过程中不断地放出具有热能的射线，这种同位素就称做"放射性同位素"。人们通过半导体换能器将这些射线的热能转变为电能，就制成了核电池。

"卡西尼"宇宙飞船便是由钚制成的核电池推动

同位素在自然衰变中能放出比一般物质大得多的能量，而且衰变时间很长，如1克镭在衰变中放出的能量比1克木柴在燃烧中放出的能量大60多万倍，其衰变时间长达1万年。因此，核电池的能量大，体积小，

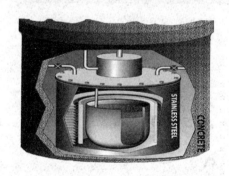

Nucleus Battery

可以长时间使用。这也就是选用它做起搏器能源的主要原因。

核电池在外形上与普通干电池相似，呈圆柱形。在圆柱的中心密封有放射性同位素源，其外面是热离子转换器或热电偶式的换能器。换能器的外层为防辐射的屏蔽层，最外面一层是金属筒外壳。

核电池还有个受人喜爱的倔脾气，就是它在衰变时放出的能量大小、速度,不受外界环境中的温度、化学反应、压力、电磁场等的影响。因此,它以抗干扰性强和工作准确可靠而著称,成为电池家族中的佼佼者。

即使过去移植别人的心脏来救人是可能的,但总不是太理想。因为,同心脏失效和损坏的人数相比,能够捐赠合适心脏的人太少了。此外,身体具有排斥异己组织的倾向。所以,许多心脏移植手术只是暂时取得成功。成千上万的人们可以求助于一种大量生产的机械心脏,这种机械心脏是身体所能容受的。使用某些不会激起身体排斥机能的材料来制造长寿耐用的机械泵,这在技术上是可行的,而且已经研制成了几种型号。它的一个主要问题是动力来源问题。你不能把人连上电线,用插销插到110伏交流电插座上;也不能为此而接上蓄电池。金属线通过皮肤导入心脏,将成为一种不能忍受的刺激源,成为导致感染的通道。所以,心脏泵压动力的供应源也应当像心脏起搏器的放射性同位素热电发生器那样完全植入体内,而不直接靠近外部环境。

自己做个小电池

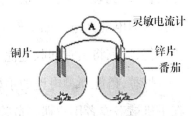

番茄电池

番茄电池实验原理:

番茄汁显酸性,当在番茄里平行地插入铜片和锌片时,形成原电池。

实验用品:

导线、灵敏电流计。番茄、铜片、锌片。

实验步骤:

1. 取 2 个半熟的番茄,相隔一定距离,分别插入铜片和锌片。

2. 按下图所示,用导线将铜片与锌片及电流计相连,观察现象。

苹果原电池

物质科学A

手机不用再充电　核电池待机可达一年半

核技术既能毁灭人类又能造福人类,科学家们的职责当然就是尽可能更快更好地实现后者了。小编最近在与国外某著名手机品牌的研究人员聊天时得知,这一新技术已经被它们成功地引入到了电池领域中,并最晚将于今年底量产。

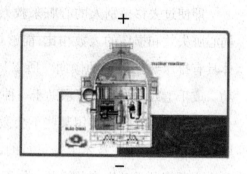

这种全新的电池基于核裂变技术。虽然只有钮扣般大小,但却拥有在手机第一次使用后能够连续提供一年以上待机时间的电量,从而使厂商节省了生产充电器的成本。该位人士还透露,用户在将该款手机电量彻底耗尽后,可以到客户服务中心免费更换新的电池,他们的技术人员将利用高科技为旧电池充电。如果您不想再使用该型号手机,也可以去客服将其高价出售,厂家将负责回收电池。

据悉,搭配新型电池的手机还具有"防狼－自爆"功能。大致原理就是在手机被盗或者用户遇到危险时,可以通过原配的无线遥控装置将其迅速引爆。由于主要成份是铀235,因此其威力还是相当惊人的,能够将一个健全人变成二等残废。一旦该技术被人滥用,后果将不堪设想,当事人将会受到法律的严惩。

核电池上天入海

要论本领,核电池可不亚于当年大闹天宫的孙悟空。它既能在人体的器官内大显身手,长时间帮助人的心脏进行正常跳动,而且还可以上大入海,为卫星和海洋开采献出绝招儿。

就以在太空中邀游的卫星来说,它对电源的要求特别严格,既要重量轻、体积小,能经受强烈的振动,而且还要求使用寿命长。当然,太阳能电池可以满足这些要求,实际上现在卫星上使用的能源,也主要是太阳能电池。但是,卫星在太空邀游中总不能都迎着太阳飞,要是在阳光微弱或者没有阳光的空间飞行时,譬如说,到火星或木星上去考察,就得背离太阳飞行,越飞太阳光越弱,太阳能电池就失去了用武之地,这就得请核电池"出马"了。有的行星的温度低到摄氏零下几百度,见不到一点阳光,这也就不能为太阳能电池派上用场。因此,国外在 70 年代初期相继发射的几个木星探测器上,都装有用氧化钚和钼制做的高性能核电池。后来发射的火星探测器,也装有类似的核电池。

大海的深处,也是核电池的重要用武之地。在深海里,太阳能电池派不上用场,其他如燃料电池和化学电池的使用寿命又太短,所以还是派核电池去最合适。例如,现在已将核电池用作水下监听器的电源,用来监听敌潜水艇的活动。它的工作时间可长达 10 几年,而且可以长期不用人去看管和维修。它们就像机智勇敢的侦察兵,十几年如一日地在水下执行着警戒任务。

还有的将核电池用作海底电缆的中继站电源,在这方面,它既能安全可靠地工作,又花费成本少、结构也简单,可以说是一位值得信赖的"好手"。

核电池和阿波罗飞船

1969 年 7 月 21 日,人类第一次成功地登上月球,使用的是阿波罗 11 号飞船。在飞船上,安装了两个放射性同位素装置,其热功率为 15 瓦,用的燃料为钚 - 238。但是,阿波罗 11 号上的放射性同位素装置是供飞船在月面上过夜时取暖用的,也就是说它仅仅用于提供热源。所以,该装置又叫做 ALRH(Apolo Lunar RI Heater)装置,意思是阿波罗在月球上用的放射性同位素发热器。

　　但是,在后来发射的用于探索月面的阿波罗宇宙飞船上,安装的放射性同位素装置全部是为了发电用的。这就是 SNAP－27A 装置。它用的燃料是钚－238,设计的电输出功率为 63.5 瓦,整个装置重量为 31 千克,设计寿命为一年。主要是用于阿波罗月面探查的一系列科学实验。

　　月球上的一天等于地球上的 27 天。黑夜的时间占一半,一夜约为地球上的两周。太阳电池在黑夜期间完全停止工作。与此同时,处于背阳的月面,其温度会急剧下降好几百度,从酷热一下变成了严寒的世界。为了使卫星上的地震仪、磁场仪以及其它机械能正常工作,必须利用余热进行保温。

发射阿波罗飞船的土星 5 号巨型火箭。

　　在阿波罗 12 号飞船上首次装载的放射性同位素电池——SNAP－27A 装置,其寿命远远超过设计时考虑的一年,并能连续供给 70 瓦以上的电力,完全符合预期的设计要求。由于这一实验获得成功,后来在 1970 年发射的阿波罗 14 号以及随后的阿彼罗 15 号、16 号、17 号等飞船上都相继安装了 SNAP－27A 装置。

从阿波罗飞船看地球

飞出太阳系

　　美国的"猎户星"航天计划中,打算采用爆炸排气式核发动机火箭。科学家设想在直径上百米的圆盘状宇宙飞船底部,产生一千吨级核爆炸。在

物质科学A

核爆炸产生的冲击力推动下,飞船可达到极高的飞行速度。飞船底部装有气囊等减震装置,可确保舱内人员、仪表和货物不被震坏。美国通用动力公司曾用化学爆炸将一艘小型宇宙飞船模型射向太空,这是一次初探。

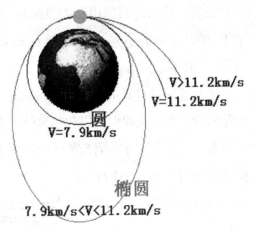

不同的宇宙速度:当地球上物体的发射速度大于 11.2km/s 时,物体将脱离地球的束缚。

将来,人类不但要飞出世代居住的地球,而且要离开太阳系作令人神往的太空旅行。也可能到某个未知星体上与外星人聚会,而且这一光荣使命要在人的有生之年内完成。要实现这一美好理想,人类必须要与时间赛跑,使自己的生命进程变得更慢些,以适应去数十光年以外的天涯旅行的需要。当然,乘坐现有速度不高的宇宙飞船作这番旅行是不可能的。但要是乘坐接近光速

太空中的失重状态

的飞船,就可能达到目的。您也许读过关于一位宇航员作了一次接近光速的航行后回来与亲人团聚,发现他的儿子已变成白发老人,而自己却很年轻的科学幻想故事。起初可能感到很离奇,但要是用科学的道理分析一下,就一点也不觉得惊奇了。相对论已告诉人们,在接近光速飞驰的物体上的时钟,会大大减慢。同理,在接近光速飞行的飞船上,人的衰老过程也会大大减慢,科学家已为相对论找到了实验依据,他们将 K 介子加速到近光速时,终于出现了 K 介子寿命大为延长的奇迹。可以坚信,随着宇航技

物质科学 A

术的发展和核火箭的应用，人类有朝一日会亲眼见到"山中方七日，世上已千年"的神话般的事实。当然，要使核动力火箭加速到接近光速是极不容易的，人类务必付出艰辛的努力。

上面我们讲过要把飞行器的初速度加大到超过第三宇宙速度，才能作恒星际旅行。实际上我们可以利用星的引力来加速，可以使行星际探测器飞出太阳系，如美国的"旅行者"将于 1989 年掠过冥王星而飞太阳第。这样看来恒星际飞行似乎并不困难，但是由于恒星际的以光年计算的遥远距离却带来新问题。如按"旅行者"的速度计算，那末到最近的一颗恒星半人马座 α 星也得要

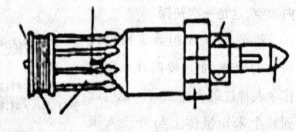

脉冲热核火箭

几万年，因此目前的火箭技术是无法进行恒星际航行的。科学家们提出了一些新的方案，如热核火箭，光子火箭……等。

脉冲热核火箭实质上是一种靠一串氢弹的爆炸，产生冲击波和粒子流以高速向一定方向喷射来推进的宇宙火箭。图 6.45 表示一枚 40 万吨重的脉冲热核宇宙火箭方案，4 万吨为宇宙飞船，10 万吨为火箭结构重量，26 万吨为核能燃料，即携带 30 万颗氢弹，以三秒钟爆炸一颗计算，十天用完，使火箭速度达到一万公里/秒（约定/30 的光速）。用这样的宇宙火箭到半人马座 α 星还要 129 年。

动动小脑筋

人造卫星的发展是源于牛顿对来抛运动的研究，人类要想飞出太阳系，只要地球上物体的发射速度达到 16.7km/s，也即第三宇宙速度。你有办法能让物体达到这样的速度吗？

简易器材做平抛实验

实验器材:输液用盐水瓶一个,输液线一条,边长40cm左右的白色矩形塑料板一块,铁架台三个个,包装用泡沫塑料一小块。

实验准备:盐水瓶里装满水,用红墨水染成红色,然后用黑色(或深色)水彩笔在白色塑料板上以两相邻边为坐标轴、每2cm为一格画成坐标网格,再将包装用泡沫塑料用胶水(或双面胶)粘在塑料板的一个角上。

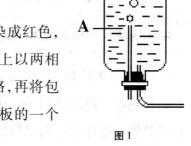

图1

实验步骤:(1)将一个铁架台放在讲桌上,然后把装满红水的输液瓶倒置挂于铁架台上端,将输液管一端插入输液瓶塞内,同时再另插一根两端开口的细管。

(2)将另外两个铁架台放于地上,使它们分别夹在白色塑料板底部两端,保持塑料板竖直向上,坐标轴水平。

图2

(3)将输液管另一端的针头从泡沫塑料中水平穿过,使其与白色塑料板保持有3mm左右的距离(防止水流溅到板上),出口方向和某一水平坐标线相重合。输液瓶的安装方式如图1,整个实验装置如图2所示。

(4)用手控制输液管上的流量调节器,使水流从针口喷出(注意:这里水流

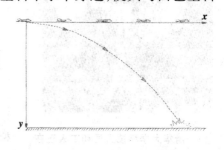

飞机投弹

物质科学A

不要碰到塑料面板,而是平行塑料板平面射出),此时的持续水流即可认为是水平抛运动的轨迹。调节转轮使水流喷出速度至合适大小,可使水流的轨迹形成如图1所示的图样并经过A、B、C三点。

(5)设针口水流喷出点为坐标原点O,让学生观察分析图2中的A、B、C三点的坐标情况,进而自己分析得出结论。

中国清华大学核能技术研究所建造成功一座五兆瓦核供热堆

1990年9月18日,中国清华大学核能技术研究所建造成功一座五兆瓦核供热堆,这是世界上第一座投入运行的安全性能良好的压力壳式低温核供热堆。这标志着低温核供热技术进入了实用性阶段。一座200兆瓦(热)的低温供热站,可满足400–500万平方米建筑面积的集中供暖。与同等规模的燃煤锅炉相比,每年可减少25万吨煤炭运输量,少排放38.5吨二氧化碳,0.6万吨氧化硫,0.16万吨氧化氮,0.5万吨烟尘,和5万吨灰渣。可见低温核供热技术不仅具有明显的经济和环境效益,而且具有改善我国能源结构,保障能源安全的战略意义。

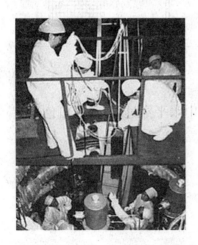

清华大学科技人员和工人正在安装5兆瓦低温供热堆堆内构件图。

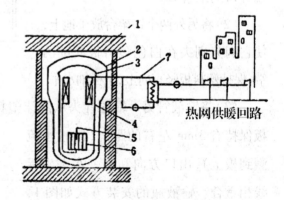

低温核供热堆示意图
1.屏蔽体;2.安全壳;3.压力壳;4.主换热器;5.控制棒;6.堆芯;7.中间隔离回路

低温核供热反应示意图

问题1 核电池你了解吗?

问题2 水果电池的化学原理是什么?

问题3 核装置小型化的难点在哪里?

问题4 查阅相关资料了解低温核供热技术。

问题5 核装置的小型化是一个发展方向,你对核装置的小型化有哪些展望?

黑夜能成白天吗——人造"小太阳"

用电能实现的人造"小太阳"。在哈尔滨冰雪大世界的施工现场,6个直径达3米的"人造小太阳"腾空而起,如同白昼般的"阳光"照亮了色彩斑斓的冰灯雪景。这6个"人造小太阳"是新型高空惰性气体灯,每盏照度为4000瓦,充气后可升到15米高度。届时6"小太阳"与冰灯及各种新型光源组合,将照亮30万平方米的游乐园。

升起后的"小太阳"

地球上的化石燃料已经所剩无几,人类如何找到理想的替代能源?50多年来的热核聚变研究一直围绕着一个主题,就是要实现可控的核聚变反应,造出一个人造太阳,一劳永逸地解决人类的能源之需。

万物生长靠太阳,人类生存自然也离不开太阳。我们生火煮饭的柴草来自太阳,水力发电来自太阳,汽车裹燃烧的汽油来自太阳……实际上,迄今为止,除了核能以外,我们使用的所有能源几乎都来自太阳。太阳像所有的恒星一样进行着简单的热核聚变,向外无休止地辐射着能量。

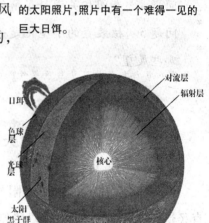

这是1973年美国天空实验室拍摄的太阳照片,照片中有一个难得一见的巨大日饵。

我们现今所使用的能源,有些直接来自太阳,有些是太阳能转化的能源,像水能、风能、生物能,有些是早期由太阳能转化来的,一直储存在地球上的能源,像煤炭、石油这样的化石燃料。人类社会发展到今天,仅靠太阳给予的可用能源已经不够用了。人类能源消耗快速增加,水能的开发几近到达极限,风能、太阳能无法形成规模。我们今天使用的主要能源是化石燃料,再有100多年即将用尽。人们还抱怨化石燃料对大气造成了污染,增加了温室气体。要知道它们是太阳和地球用了上亿年才形成的,但只够人类使

对流层
辐射层
日珥
色球层
光球层
核心
太阳黑子群
日冕

太阳内部构成示意图。它的中心是一个巨大的核聚变反应区。

用三四百年,而且它们是不可再生的。能源危机开始困扰着人类,人们一直在寻找各种可能的未来能源,以维持人类社会的持续发展。

太阳能不断向外释放能量,就是通过其内部的核聚变反应释放出来的。

在太阳上由於引力巨大,氢的聚变可以自然地发生,但在地球上的自

然条件下却无法实现自发的持续核聚变。在氢弹中，爆发是在瞬间发生并完成的，可以用一个原子弹提供高温和高压，引发核聚变，但在反应堆裏，不宜采用这种方式，否则反应会难以控制。

根据核聚变发生的机理，要实现可控制的核聚变实际上比造个太阳要难多了。我们知道，所

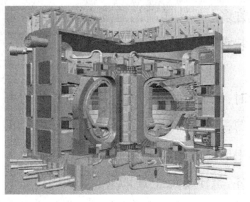

磁约束的聚变装置

有原子核都带正电，两个原子核要聚到一起，必须克服静电斥力。两个核之间靠得越近，静电产生的斥力就越大，只有当它们之间互相接近的距离达到大约万亿分之三毫米时，核力（强作用力）才会伸出强有力的手，把它们拉到一起，从而放出巨大的能量。要使它们联起手来并不难，难的是既要让它们有拉手的机会又不能让他们过於频繁地拉手。要使它们有机会拉手，就要使粒子间有足够的高速碰撞的机会，这可以增加原子核的密度和运动速度。但增加原子核的密度是有限制的，否则一旦反应加速，自身放出的能量会使反应瞬间爆发。据计算，在维持一定的密度下，粒子的温度要达到 1 ～ 2 亿度才行，这要比太阳上的温度（中心温度 1500 万度，表面也有 6000 度）还要高

9 月 28 日，合肥中科院合肥物质研究院放电试验现场。当天，由中国自行设计、研究的世界第一个全超导非圆截面托卡马克核聚变实验装置（英文名称：EAST）在进行首轮放电试验过程中，成功获得电流 20 - 200 千安，时间 3 秒的高温等离子体放电。目前放电试验还在进行中，各项参数正在不断提高。这标明世界新一代超导托卡马克核聚变实验装置一在中国首先建成并正式投入运行。

许多。但这样高的温度拿什么容器来装它们呢？

我们知道，一般物质到达 10 万度时，原子中的电子就脱离了原子核的束缚，形成等离子体。等离子体是由带正电的原子核和带负电的电子组成的气体，整体是电中性的。在磁场中，它们的每个粒子都是显电性的，带电粒子会沿磁力线做螺旋式运动，所以等离子体就这样被约束在这种环形的磁场中。

EAST 装置放电持续时间设计值是 1000 秒，温度将超过一亿度。

这种环形的磁场又叫磁瓶或磁笼，看不见，摸不著，也不接触有形的物体，因而也就不怕什么高温了，它可以把炙热的等离子体托举在空中。

人们本来设想，有了"面包炉"，只需把氘、氚放入炉内加火烤制，把握好火候，能量就应该流出来。其实不然，人们接着遇到的麻烦是，在加热等离子体的过程中能量耗散严重，温度越高，耗散越大。一方面，高温下粒子的碰撞使等离子体的粒子会一步一步地横越磁力线，携带能量逃逸；另一方面，高温下的电磁辐射也要带走能量。这样，要想把氘、氚等离子体加热到所需的温度，不是件容易的事。另外，磁场和等离子体之间的边界会逐渐模糊，等离子体会从磁笼裹钻出去，而且当约束等离子体的磁场一旦出现变形，就会变得极不稳定，造成磁笼断开或等离子体碰到聚变反应室的内壁上。

中国的科学家已率先建成了世界第一个全超导核聚变"人造太阳"实验装置，可模拟太阳聚变反应。报道说，上述工程总投资近三亿元人民币，自开建以来一直广受注目。实验装置从内到外一共有五层部件构成，最内层的环行磁容器像一个巨大的游泳圈，进入实验状态后，这个"游泳圈"内部将达到上亿度的高温,这也正是模拟太阳聚变反应的关键部位。

专家表示,太阳源源不断发出光和热,其能源来自核聚变反应。一旦"人造太阳"成功,人类便可以得到一个无穷尽的清洁能源,相当於制造一个或数个小太阳,源源不断从核聚变中得到能量。要使核聚变反应为人类所用,就需要把能量释放过程变成一个稳定、持续并且可控制的过程。这项实验装置於试行运作后,2006 年年九月份正式运行,进行放电试验。

人造小太阳,基本技术问题已经解决,以后是完善的问题,我国的人造太阳持续时间可以达到 3 秒,以后技术突破只是时间问题,等这个解决了,能源问题就解决了,因为全世界海水中气氕氚的含量可以供人类使用万亿年以上,因为每公斤海水中所含的氘,可以产生 300 公升汽油的能量,是取之不尽用之不竭的。

英国化学家拉姆赛和特莱弗斯发现惰性元素"氙"

1898 年 7 月 12 日,英国化学家拉姆赛和特莱弗斯从液化空气中分离出一种气体,用放电管激发出一种艳丽的蓝色强光,这是一种新的惰性元素,他们将其取名为氙,意为"陌生人"。拉姆赛在无机化学和物理化学方面做出卓越贡献。他与物理学家瑞利等合作,发现了氦、氖、氩、氪、氙和氡六种稀有气体,识别和分离出这六种元素,并确定了它们的化学性质和在元素周期表上的位置。这在化学元素的发现史上是空前的。由于这些发现,他被授予 1904 年度诺贝尔化学奖。氖、氩、氙属惰性气体,它们独特的"懒惰孤僻"的性质,被人们用于完成其它气体所不能胜任的工作。比如,现代都市在夜色中闪烁的七彩霓虹灯,就是氩气和氖气在发挥作用;而充有氙气的灯泡,能发出比日光灯强几万倍的强光,享有"人造小太阳"的美誉。

问题1　太阳能不断向外释放能量,这些能量从哪里来?

问题2　人类正在模拟真实太阳的情况,想造"小太阳",当前这方面技术进展如何? 请查资料。

问题3　一旦人造"小太阳"成功,你能想象这个世界会变得怎样?

问题4　你认为人造"小太阳"要想取得成功,关键要解决什么问题?

　　不久的将来人们将看到核能给人类带来的前所未有的经济、生态、环境效益,我们都会得到核能带来的温暖。让我们共同期待!